MASTER CHEF DESSERT

名厨甜点

王森世界名厨学院编译组　编

中国轻工业出版社

图书在版编目（CIP）数据

名厨甜点 / 王森世界名厨学院编译组编 . — 北京：
中国轻工业出版社，2017.1
　　（世界名厨学院）
　　ISBN 978-7-5184-1037-8

　　Ⅰ.①名… Ⅱ.①世… Ⅲ.①甜食－制作 Ⅳ.
① TS972.134

中国版本图书馆 CIP 数据核字 (2016) 第 166035 号

责任编辑：苏　杨　　　文字编辑：方朋飞　　　封面设计：伍毓泉
策划编辑：马　妍　　　责任终审：劳国强　　　内文设计：奇文云海　www.qwyh.com
责任校对：燕　杰　　　责任监印：胡　兵

出版发行：中国轻工业出版社（北京东长安街 6 号，邮编：100740）

印　　刷：北京顺诚彩色印刷有限公司

经　　销：各地新华书店

版　　次：2017 年 1 月第 1 版第 2 次印刷

开　　本：889×1194　1/16　印张：12.25

字　　数：200 千字

书　　号：ISBN 978-7-5184-1037-8　　　定价：78.00 元

邮购电话：010-65241695　　　　　　传真：65128352

发行电话：010-85119835　85119793　传真：85113293

网　　址：http://www.chlip.com.cn

Email：club@chlip.com.cn

如发现图书残缺请直接与我社邮购联系调换

161276S1C102ZBW

走近世界名厨学院系列图书

让世界名厨学院系列图书帮助你成为更加专业的匠人。

王森世界名厨学院邀请了国际上最顶尖的甜点、面包、翻糖、拉糖、巧克力工艺等顶级大师前来国内授课，让你不出国门就能在世界大师的课堂里徜徉。虽然你没有时间亲临大师的课堂现场，也不必遗憾，因为世界名厨这一系列的图书将是你最好的选择。

在这套系列图书中，我们不仅还原了大师们的课堂配方，更是总结了大师课堂上所强调的很多细节，注意与掌握这些细节，将会帮助读者从深度和广度上全方位地把握专业知识要领，提高甜点制作的成功率。

本系列图书的内容均来自各位世界级大师多年的教学实践总结，他们也都将自己的独门秘笈毫不吝惜地公之于众，针对学员在实际操作过程中普遍存在的问题以及常犯的错误，温馨地给出了相应的小贴士，让读者在学习的过程中不仅知其然，也能知其所以然。

虽说材料是有限的，但是经过不同的混合调配和组合，呈现的是完全不一样的状态和完成度。跟着大师一起学习，不管你是初学者，还是专业人士，都可以从不同的角度汲取所需要的知识。虽然配方变化多端，但是万变不离其宗，你总能从这套丛书中找到一些恒定不变的"真理"。

为了帮助读者更好地了解一些复杂配方的制作，我们还为一些配方专门附送了视频，读者可以通过扫描书中二维码，一目了然地知晓配方的具体制作过程。

希望这套丛书能为广大读者带来切实的帮助。但是，由于编者的能力有限，书中的不足和疏漏之处，恳请读者批评指正。

王森世界名厨学院编译组

序　　　　　　　Introduction

　　星期天的下午、各类派对、抑或是那些或特殊或平凡的日子里，甜点总能为我们带来不一样的感动和记忆，最终成为生命中美好的存在。那些记忆中的味道、芳香和质感，总会在生活的奔波辛苦中给我们带来很多慰藉。

　　奶油的绵密、面粉的能量、糖粉的幸福、黄油的醇香，甜点师将这些再普通不过的材料奇妙地组合在一起，做成各式新颖的点心，这般诱惑谁能抵挡？甜点，是安慰，也是享受，那就在安慰中好好享受吧。这本书集结了三位国际著名甜点大师的倾情之作，他们分别是日本东京制果学校的前校长中村勇（Isamu Nakamura）、恋上维也纳的主厨野泽孝彦（のざわ たかひこ）和享誉全世界并拥有甜点 MOF 头衔称号的让－弗朗索瓦·阿诺（Jean-Francois Arnaud）。爱不释手的慕斯、简单好吃的曲奇、细腻浓郁的海绵蛋糕、醇厚顺滑的巧克力、外酥内软的马卡龙、层次分明口味浓郁的法式甜点等不同款式的点心将给你的味蕾带来无限冲击，这本书里静静地躺着一些令你怦然心动的味道，只等你来发现。

　　无论你是一位爱好制作点心的新手，还是一名经验丰富的甜点专家，这本书都适合你。三位世界级的甜点师，只听头衔就已经让人顶礼膜拜，更重要的是还有他们的独家配方。学完本书，你的水平将提升不止一个档次。跟随本书，你也可以做出世界级的甜点，你要做的只是：买下此书，按照步骤多尝试几次；然后，你一定可以成功。

　　无疑，好的食材加上完美的工艺，才是甜点的灵魂。只有大师级的甜点师才能将甜点的灵魂淋漓尽致地演绎出来。他们能够使蛋白变得轻柔，使奶油变得浓郁而不腻；从剖面切开，甜点的层次呼之欲出。精致甜点的背后，传递出的更是精致的生活哲学。就让食物的美学来提升我们生活的品质吧。

　　最好的甜点师只做最好的甜点。不必出国远行，你就可以领略到国际级大师的风采，手把手教你制作星级甜点，如此非凡的体验，喜爱甜点、热爱生活的你怎能错过？

王森世界名厨学院编译组

目录

contents

理论／Theory

01

工具 & 材料

电子秤 / 准确称量材料的分量，使质量精确到 0.1 克。

量杯 / 将量杯水平放置，可以量出所需液体的体积。

网筛 / 将面粉过筛，使面粉颗粒之间进入空气。如果没有专用滤网，可以用网目细小的筛子代替。图片为网目较大的筛子，可以选择网目细小的筛子过筛。

打蛋器 / 用于打发蛋液或淡奶油，有时也可用于搅拌混合材料。根据不同的用途可以选择尺寸大小不同的打蛋器。

搅拌盆 / 搅拌盆是搅拌混合材料和打发材料时必不可少的工具，最好选用耐热且散热快的不锈钢制品。

擀面杖 / 擀面团用，太长的擀面杖反而不方便使用，一般来说，30 ~ 40 厘米最佳。

刮刀 / 用于搅拌材料，也可用于将搅拌盆里的剩余材料铲出以避免浪费。

抹刀 / 大面积涂抹奶油的时候需要用到抹刀，抹刀有不同的规格，根据需要选用不同型号。

派盘 / 派盘是边缘宽广的浅盘状模具，用于烘烤一整个派。

塔模具 / 用于烘烤塔点心的浅模具，边缘有波浪状的，也有平坦状的。

蛋糕模具 / 主要用于烘烤海绵蛋糕的普通模具。底部可拆，方便把面团取出，相当便利。

长条慕斯圈 / 制作慕斯用的模具。

糕点冷却网 / 将甜点放置在冷却网上，可以散去糕点中的水分和热气；另外，装饰蛋糕的时候有时也会用到冷却网。

高温布 / 放在电烤箱底部或最下面的烤架上，耐高温。

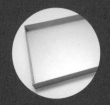

烤盘 / 烤箱常用烤盘，用于制作各种蛋糕、曲奇饼干和点心。

常用原料

白砂糖 / 砂糖结晶颗粒较大，味道清爽，不仅可以增添甜味，还能够使材料变得蓬松柔软、润滑光亮，使食物保存期更加长久。

黄油 / 将牛奶中的稀奶油和脱脂乳分离后，使稀奶油成熟并经搅拌而成，可增加甜点营养价值，丰富口感。

蜂蜜 / 具有独特风味，添加在甜点中，可以提升甜点的香浓程度。

低筋面粉 / 蛋白质含量在 6.5% ~ 8.5%，颜色较白，用手抓易成团；蛋白质含量低，麸质也较少，因此筋性弱，比较适合做蛋糕、松糕、饼干和塔皮等需要蓬松酥脆口感的西点。

高筋面粉 / 蛋白质含量在 10.5% ~ 13.5%，颜色较深，本身较有活性且光滑，手抓不易成团状；比较适合做面包以及部分酥皮类起酥点心，比如丹麦酥。在蛋糕方面仅限于高成分的水果蛋糕中使用。

全麦面粉 / 将清理干净后的小麦经过特殊粉碎研磨加工，达到一定粗细度且包含皮层、胚芽和胚乳全部组成部分的小麦粉为全麦面粉。由于全麦面粉中的麸皮含有更丰富的营养成分，如微量元素、矿物质、维生素、必需氨基酸等，因此全麦面粉具有更高的营养保健功能。

杏仁粉 / 使用杏仁制成的粉末，用杏仁粉制成的甜点口感酥脆，味道香浓。应注意，杏仁粉容易氧化，需要密闭保存。

牛奶 / 与低脂牛奶相比，使用脂肪含量高的牛奶可以使甜点的味道更加浓郁。

淡奶油 / 淡奶油可以在打发后用来装饰蛋糕，也可将其混合在材料里，增加材料的厚重感。

黑巧克力 / 黑巧克力硬度较大，可可脂含量较高。软质黑巧克力的可可脂含量为32%～34%，硬质黑巧克力的可可脂含量为38%～40%，超硬质黑巧克力的可可脂含量为38%～55%，营养价值更高。

白巧克力 / 由可可脂、糖、牛奶、香料制成。

泡打粉 / 泡打粉可以使材料迅速疏松，但是如果使用过量，会使面团过分膨胀，从而影响口感和外观。

可可粉 / 将可可豆中的脂肪去除即成为可可粉。制作蛋糕一般选用没有添加任何其他材料的纯可可粉。

吉利丁 / 吉利丁是用动物的骨头或皮中所含胶原蛋白的蛋白质加工而成的。比起吉利丁粉，吉利丁片更能使成品产生透明感。

香草荚 / 用小刀将香草豆荚从中间切开稍微刮一刮，然后将整只豆荚与香草泥一起浸泡在所要使用的食材内以增加香味。

02

甜点制作常用
步骤介绍

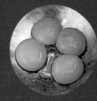

分离蛋黄与蛋白

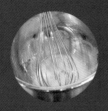

打发蛋黄（至软性发泡）

打发蛋白（至软性发泡）

加入砂糖继续打发（至硬性发泡）

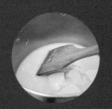

融化黄油

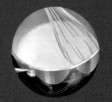

加热牛奶

将砂糖加热熬成焦糖汁

 香草荚切半

 吉利丁泡软

 各种粉类过筛混合

 搅拌面糊

 面糊过筛

 烤箱预热

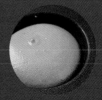 将面糊倒入涂好一层黄油或者铺有一层油纸的模具中

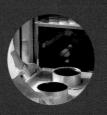 入炉烘烤

出炉倒扣在凉架上冷却脱模

揉面

擀制面团

整形面团并包上保鲜膜静置

放入冰箱冷藏 / 冷冻

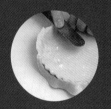

在模具内部刷一层黄油并将
面皮放入模具中

表面刷上一层蛋液

将装饰馅料（奶油）装入裱花袋并挤出
形状

淋面

喷枪上色

各种水果洗净，去皮去核，用于装饰

表面撒一层糖粉

03

国外甜点制作
特别经验

制作甜品你不可不知的一些事

蛋黄加砂糖打发

一般我们会将蛋黄倒入打蛋桶，然后加入砂糖直接打发。但是，这样糖容易结块，不易打散、溶解，蛋黄也不易打发乳化。

更好的办法是：将蛋黄倒入盆中隔水加热，再将砂糖倒入搅拌，量少的话用手持搅拌器即可，量大的话用机器搅打。用机器搅打时，先隔水加热手动搅打到糖溶化、蛋黄发泡乳化后，再倒入机器中搅打。这样做的好处就是蛋黄会更容易打发；糖也会更好地和蛋黄融合，并且不会结块。

如何打发出更细腻的蛋白

一些材料如糖、柠檬汁、蛋白粉、塔塔粉等，它们都有一个共同点：在蛋白中起到了稳定蛋白的作用，可以使蛋白发泡速度更慢，气孔更均匀、更容易掌控。

另外，分次加糖和一次性加糖也有很大的区别。蛋白打发就是让蛋白的胶质中灌入空气，一次性加糖时打发的气泡外面的液体浓度会迅速增加，形成比较强的渗透压，容易消泡。而分次加入糖，可以减少气泡外液体浓度的突然变化，这样才能打出更好、更细腻的蛋白。

如何更好地融化吉利丁

吉利丁我们都习惯早早泡好，等酱料加热好，整块沥水后放进去融化。

更好的方法是：在做甜点时将吉利丁放入足量的水中去软化，用时拿出放入小碗中隔水加热，使它彻底融化为液体，这样加入到酱料里不会因为温度和搅拌问题而出现凝结或颗粒影响甜点的口感。

意式蛋白霜的打发要点

蛋白在加入糖浆之前，要为湿性偏中性打发状态。在做意式蛋白霜的时候，一定要记得把所有的材料和准备工作都先做好，熬糖浆的量如果少的话，蛋白和熬糖浆一定要同步进行。熬糖浆的温度一般在 116 ~ 121℃。切记不要等糖浆已经熬好，但是蛋白还在打发中，这样等到蛋白打发好了以后，糖浆的温度会下降，导致蛋白打发好的状态过于软，达不到合格的蛋白霜状态。蛋白可以等，但是糖浆不可以。蛋白先打发好，如果糖浆没有熬好的话可以先停下等一等，当要加入糖浆的时候，适当地把蛋白再轻轻搅拌几下，因为蛋白在等待的过程中会消泡，组织变得比较粗糙，适当的搅拌会使蛋白恢复打发好时的状态。最终的目的是蛋白霜在加入糖浆搅打停止以后要呈现表面光亮，组织细腻，能拔出硬挺的鸡尾状状态。

制作泡芙面糊的关键技巧

水和黄油加热至沸腾，才可以倒入面粉，在加热水和黄油的时候，一定要不停地搅拌，防止油温度太高喷溅出来。沸腾后离火，倒入过筛面粉，不停地搅拌成团，加热至面团表面出油光滑，基本面温在 85℃ 左右。等待面糊温度降至 60℃ 左右，分次加入鸡蛋，搅打均匀，在加完鸡蛋以后面糊应该还是温热的，如果变得冰凉，就不是一个成功的泡芙面糊，这样会影响烤制出来的状态和外观。面糊在入炉烘烤前，烤盘需抹油准备好，油不需要太多，但是烤盘每个地方都需要抹到，抹多了泡芙底会出现内凹，不稳固；抹少了会粘烤盘，而没有泡芙底。

制作闪电泡芙时很多人会失败，最大的原因就是面糊水分太多，此时的面糊就要干一点，在加热水和黄油时多煮一会儿，让水分多蒸发些。

制作卡仕达奶油酱料时锅具很重要

在熬制卡仕达奶油酱料的时候一定要选用锅底厚的锅，这样才不容易把卡仕达熬糊底，在熬制过程中一定要小火勤搅拌。最好选用铜锅，整体受热会非常均匀，不容易出现焦糊和分离状态。

淡奶油与厚奶油的区别

一般我们国内使用的淡奶油乳脂含量在 32% ~ 35.1%，没有乳脂含量过高的淡奶油，乳脂含量在 40% 以上的可以称为厚奶油。在没有高乳脂含量的淡奶油时我们可以自己来制作，取乳脂含量在 35.1% 左右的淡奶油按 5:1 的比例加入融化的黄油，搅拌均匀后密封起来，冷藏隔夜即可使用。

如何制作一个漂亮的蛋糕光亮剂

制作蛋糕光亮剂看起来很简单，只需将水和糖粉混合加热溶化。但是在加热溶化的时候一定要注意不能过度搅拌，过度搅拌会使糖粉乳化、发白，进炉烘烤以后不会呈现出像镜子一样的镜面效果。

如何增加香缇奶油的稳定性及支撑力

我们在气温高的时候，用打发好的香缇奶油时总会感觉奶油的支撑力不够，或很容易融化，这个时候可以适当地按 1 升淡奶油加 5 克吉利丁的比例来增加它的稳固性和支撑力。

卷蛋糕卷的要点

在卷蛋糕卷的时候，我们用到的纸张尽量要选薄而坚韧的材质，这样可以更好地定型，也更有利于我们去操作。

04

慕斯风格
分类

风格分类	风格印象描述	代表色	代表慕斯
端庄	端庄、雅致、高贵	藏蓝、墨绿、深紫	
浪漫	性感、妩媚、浪漫	红、紫、玫红	
前卫	个性、潮、有范儿	金属色、黑	
清新	文艺、小清新	浅色系、米色	
淑女	优雅、柔和、美丽	裸色、粉色	
甜美	可爱、梦幻	粉、黄	
戏剧	张扬、夸张	黑、大红、金色	
异域	民族风、神秘	红、橙、绿、黄	

男性风格慕斯

风格分类	风格印象描述	代表色	代表慕斯
阳光	活泼、调皮、幽默	粉、黄、蓝、绿	
新锐	个性、酷炫、潮流	金属色、黑	
自然	潇洒、自然、亲切	卡其色、军绿、灰	
古典	端正、知性、高贵	黑、藏蓝	
雅痞	优雅、文化、有风度	红、深紫、深蓝	
大气	成熟、稳重	黑、深灰	

05

法式甜点中必须掌握
的几个概念

几种增添香味和口感的重要原料

朗姆酒

朗姆酒是由甘蔗制成的蒸馏酒。根据蒸馏或熟成方法的不同，其风味和颜色也不尽相同，颜色有白色、金色和深咖啡色等，风味也有浓有淡。经常用来浸渍葡萄干、黑樱桃等水果。

樱桃酒

樱桃酒是将樱桃打碎后经发酵、蒸馏制成的无色透明的水果酒，是白兰地的一种，一般成品的酒精度为40° ～ 45°。

柑曼怡橙香力娇酒

柑曼怡橙香力娇酒是以柑橘和干邑白兰地为基底所酿造出来的利口酒，其最大的特点是即使加热其香气也不会消失。

杏仁甜酒

杏仁甜酒是以杏核为原料制成的利口酒，有浓郁香甜的杏仁香气。

咖啡精

咖啡精是由萃取的咖啡和焦糖制成，只需少量就可以增添咖啡的风味及颜色，香气浓郁。

甘纳许

简单来说，甘纳许是将巧克力和淡奶油乳化后的奶油馅，口感顺滑。

要调制出性质稳定的甘纳许，就要确保基本的乳化过程顺利。依种类不同，巧克力中的可可成分或可可脂含量皆不同，因此必须调整所添加的水量。

黑巧克力甘纳许

它的特色在于水分多、脂肪少。因此在低温中不易分离，十分方便好用。乳化的时候，将淡奶油和牛奶倒入巧克力中后，必须放置片刻使其充分融合，再慢慢将其搅拌开来。量多时，其融合的时间就要延长。起初会有点分离，但继续搅拌后，就会立即呈现出光滑细腻的状态。

适用于法式剧院蛋糕、甜点的主要部分、镜面巧克力酱等。

牛奶巧克力甘纳许

细致柔顺的感觉，最能展现出牛奶巧克力的绝妙滋味。由于白巧克力相当甜，可以用于海绵蛋糕之类的西点，起到提味的效果。

适用于甜点的主要部分、甜点的内馅等。

英式奶油酱

甜点主要由奶油酱、面团和装饰三大部分组成，其中的奶油酱是决定味道的关键。奶油酱的种类越多、风味越丰富，甜点的呈现就越具多样性。

英式奶油酱是所有甜点师都必掌握的代表性奶油酱。英式奶油酱就是先将砂糖和蛋黄混合搅拌，然后倒入牛奶加热，利用蛋黄的热凝固力来增加浓度。为迎合现代人的健康取向，将糖分减量后调理出来的味道，可以让用途更加广泛。若增加蛋黄的用量，色香味都会更加浓郁。由于加热有杀菌效果，根据用途，加热到出现适当的浓稠度及光泽为止。

适用于甜点用酱汁，也用于巴巴露亚、慕斯、冰淇淋等。

卡仕达奶油酱

这是在英式奶油酱中加入粉类和奶油，使色香味都更为浓郁的奶油酱。粉类可使用面粉或玉米粉，面粉做出来的黏性强，玉米粉则较为滑腻。最好是根据用途来选择材料，或者可以使用等量的低筋面粉和玉米粉混合，这样即使加了酒也不会太滑腻而不成型。卡仕达奶油酱浓稠度适中，用途广泛。

适用于泡芙、千层派、塔。

卡仕达奶油酱的应用

1. 改变风味的方式
+ 酒（樱桃酒、朗姆酒、柑曼怡利口酒等）
+ 巧克力、咖啡、开心果泥
+ 香精、柠檬皮屑、香草

2. 搭配其他馅料或材料
+ 打发淡奶油→卡仕达奶油馅
特点：口感轻柔顺口，蛋味较淡。适用于泡芙、闪电泡芙、甜点杯、蒙布朗的内馅、蛋糕卷、焦糖奶油松饼、餐后甜点。

+ 黄油→慕斯琳奶油
特点：入口即化。适用于法式草莓蛋糕、达克瓦兹蛋糕、甜点装饰用、马卡龙的奶油馅等。

+ 蛋白霜→吉布斯特奶油

特点：口感轻盈。适用于塔、圣安娜蛋糕、甜点的内馅。

＋杏仁奶油→卡仕达杏仁馅
特点：口感湿润，带有坚果的香气。适用于面包、塔派类点心。

慕斯

慕斯是将巧克力或水果泥与打成泡的淡奶油或者蛋白霜拌在一起的奶油，由于含有较多的空气，吃进嘴里有瞬间融化的感觉，所以被称之为"慕斯"（"慕斯"的原意是"泡沫"的意思）。另外，有一种慕斯被称之为浓慕斯，这种慕斯不将淡奶油打成泡，所以空气含量少，口感就比较浓稠、柔滑。

慕斯与巴巴露亚

慕斯与巴巴露亚，以前是有明显差别的。巴巴露亚是以英式奶油酱为基底，然后加入少量的淡奶油，再加入吉利丁使其凝结。慕斯则多以意式蛋白霜或炸弹面糊为基底，然后加入吉利丁，让它起很多泡后再凝结。另一个特征是，慕斯的淡奶油量比巴巴露亚多。

不过，现在也流行在巴巴露亚里放进更多淡奶油，让它的口感和慕斯很接近，另一方面，慕斯也使用英式奶油酱，因此两者之间的界限越来越模糊了。

不论是慕斯或巴巴露亚，刚做好时富有流动性的状态和凝结后放置一天的状态，味道其实不同。

奶油

奶油可以直接引出素材的原味，用它制做内馅，能赋予甜点强烈的风格。

奶油制作的关键在于温度控管和放奶油的时间点。依奶油的状态不同，完成后的口感也会完全不同，甚至连奶油融化的温度都不一样。可以冷冻保存，但最好是完成后立即使用，如果冷冻后再解冻使用，就会破坏气泡而让口感变得沉重。

香缇奶油

　　要调制香缇奶油，就必须充分了解淡奶油这个主要材料。即使淡奶油的乳脂肪含量相同，但品牌不同，特色便有差别；即使成品都很美味，有些经过一段时间后表面会干燥，或者因为温度变化而凝结成固态奶油状。因此，选择时不仅要考量用在哪种甜点上，也必须顾及制作人员的效率、技术程度、放在陈列柜的时间、顾客外带时间等，确保享用时仍能品尝到奶油酱的最佳状态。

　　淡奶油的乳脂肪含量越高，味道就越浓郁，反之就容易形成脂肪颗粒；而且如果品牌不同，即使乳脂肪含量相同，性质也可能有差异。此外，搅拌会让淡奶油温度升高，因此将淡奶油放在冰箱20~30分钟就不易形成脂肪颗粒，就会滑顺好用。但是，反复多次搅拌会让淡奶油失去滑顺感，最好用多少做多少。

　　适用于装饰用、蛋糕卷、水果蛋糕之类的夹层等。

中村勇作品

中村勇

Isamu Nakamura

　　中村勇是西洋菓子研究家、东京都洋菓子协会副会长、前东京制菓学校校长、法国料理 ACADEMY 协会会员、法国 PROSPER MONTAGNE 协会会员。现任王森国际咖啡西点西餐学院名誉校长。

　　早年远赴瑞士学习时，中村勇先生便认识到，只有懂得拉糖的烘焙技术及巧克力工艺才能够在世界烘焙大赛中胜出，所以他将拉糖工艺、巧克力工艺带回日本，并在东京制菓学校开设这两项课程。中村勇先生不仅是一位手艺了得的甜点大师，更是世界先进产品和教学及管理理念身体力行的执行者。

Isamu Nakamura

01
安茹奶油蛋糕

1. 手指海绵蛋糕

/ 工具 /

100 毫升舒芙蕾模具	**多个**

/ 配方 /

蛋黄	**60 克**	幼砂糖 1	**40 克**
蛋白	**120 克**	幼砂糖 2	**60 克**
低筋面粉	**100 克**	糖粉	**少量**

/ 制作过程 /

1.1 打发蛋白霜：先将部分幼砂糖 1 中速搅拌，打到起泡时再分次加入剩下的砂糖，打至中性发泡呈鸡尾状即可。

1.2 在蛋黄中加一点水和幼砂糖 2 搅拌。

1.3 先取 1/3 蛋白霜加入到蛋黄中搅拌均匀，再加入剩余的蛋白霜，搅拌均匀。

1.4 低筋面粉过筛，加入步骤 1.3 中搅拌，面糊在刮板上不掉落即可。

1.5 装入裱花袋，挤在烤盘上成型，大小一定要比舒芙蕾模具小一圈；入风炉以 170℃烤 7 ~ 8 分钟；出炉后表面筛一层糖粉。

2. 奶油奶酪

/ 配方 /

蛋白	**200 克**	幼砂糖 1	**40 克**
水	**70 克**	幼砂糖 2	**200 克**
奶油奶酪	**400 克**	35% 淡奶油	**800 克**

/ 制作过程 /

2.1 奶油奶酪过筛后隔水加热软化。

2.2 将蛋白和幼砂糖 1 打发成蛋白霜，幼砂糖 2 和水一起煮沸，糖浆水煮到 150℃，然后冲入到蛋白霜里面打发成意式蛋白霜（硬性）。

2.3 将淡奶油慢速打发到鸡尾状即可。

2.4 将少量蛋白霜分 2 次加入软化的奶油奶酪中，搅拌均匀后加入 1/3 淡奶油搅拌均匀，再加入剩下的 2/3 淡奶油搅拌均匀。

2.5 将剩下的蛋白霜全部加入，搅拌均匀后放在冰水中冷却。

3. 覆盆子酱

/ 配方 /

覆盆子果蓉	300 克	幼砂糖	200 克
覆盆子利口酒	40 克	水	200 克

/ 制作过程 /

3.1 将幼砂糖和水煮开，成为糖浆。

3.2 将果蓉放入锅里，倒入糖浆，煮沸。

3.3 煮沸后冷却，冷却后加入利口酒，冷藏。

4. 覆盆子糖浆

/ 配方 /

水	50 克	幼砂糖	50 克
覆盆子果蓉	100 克	覆盆子利口酒	30 克
矿泉水	少量		

/ 制作过程 /

4.1 将水和幼砂糖一起煮沸；煮开后加入覆盆子果蓉煮沸。

4.2 覆盆子糖浆煮沸后放入冰块中冷却；冷却完后加入经矿泉水稀释的利口酒（根据自己的口味添加）。

5. 组装

/ 制作过程 /

5.1 将手指海绵蛋糕在覆盆子糖浆中浸泡一下，然后取出放在烤盘上晾干。

5.2 取出舒芙蕾模具，在上面铺上用矿泉水浸泡过的纱布。

5.3 挤入 1/2 奶油奶酪，在上面放入手指海绵蛋糕和覆盆子酱。

5.4 在步骤 5.3 上面挤入奶油奶酪。

5.5 将纱布包好后放入冰箱，冷藏后即可食用。

02/吉布斯特塔

1. 甜酥面团

/ 工具 /

直径 18 厘米、高 2 厘米的慕斯圈　　2 个

/ 配方 /

黄油	100 克	幼砂糖	100 克
全蛋	1 个	香草精	少量
低筋面粉	200 克		

/ 制作过程 /

1.1 将黄油和幼砂糖一起搅拌。

1.2 加入全蛋和香草精搅拌；搅拌均匀后加入过筛低筋面粉，继续搅拌成面团。

1.3 冷冻面团，稍微冻硬即可；然后将面团擀成 0.3 厘米厚的面皮。

1.4 将面皮放入慕斯圈模中，按压成型，去除多余边角料，急冻。

2. 苹果酱汁

/ 配方 /

淡奶油	250 克	全蛋	2 个
幼砂糖	60 克	香草精	少量
苹果	2 个	苹果白兰地	少量
柠檬汁	少量		

/ 制作过程 /

2.1 将 2 个全蛋打发，加入幼砂糖搅拌均匀后，再加入香草精搅拌。

2.2 先加入少量的淡奶油，搅拌混合后再加入剩下的淡奶油搅拌均匀；然后加入苹果白兰地搅拌均匀。

2.3 将 2 个苹果去皮，刮成丝，加入少量柠檬汁（防止苹果变色），用手搅拌均匀。

2.4 将酱汁过筛，倒入拌好的苹果丝中，搅拌均匀。

2.5 将调好的苹果酱汁均匀地倒入冷冻好的甜酥面团中，放入平炉中以上下火 180℃ 烘烤 40 分钟左右。

3. 吉布斯特奶油

/ 配方 /

牛奶	250 克	蛋黄	4 个
幼砂糖 1	40 克	低筋面粉	30 克
吉利丁	20 克	幼砂糖 2	120 克
水	50 克		

/ 制作过程 /

3.1 牛奶和幼砂糖 1 入锅加热煮沸。

3.2 将蛋黄和低筋面粉搅拌均匀，取少量步骤 3.1 加入蛋黄和低筋面粉中，边加入边搅拌，避免结块，然后再一起倒回锅中煮至 80℃。

3.3 离火，加入泡水融化好的吉利丁，搅拌均匀，冷却至 35℃左右。

3.4 打发蛋白，将幼砂糖 2 和水加热煮至 115℃，慢慢加入到正在打发过程中的蛋白，即为意式蛋白霜。

3.5 将意式蛋白霜分次加入到步骤 3.3 中搅拌均匀。

4. 组装

/ 配方 /

水	80 克	幼砂糖	250 克
葡萄糖浆	70 克	糖粉	适量
黄油	少许		

/ 制作过程 /

4.1 在冷冻好的步骤 3.6 上撒一层糖粉，用火枪将表面烧成焦糖状，制成慕斯塔。

4.2 将水和幼砂糖煮至 150℃，加入葡萄糖浆继续煮；准备两把较长的尺子，表面涂抹一层黄油，将两头放置在操作台上，用重物压住，使尺子能够悬空。用刷子蘸取煮好的糖浆，在两把尺子之间来回移动刷子，拉出薄薄的一层糖丝。

4.3 将制作好的糖丝在慕斯塔周围绕一圈。

4.4 上面装饰一些绿色叶子即可。

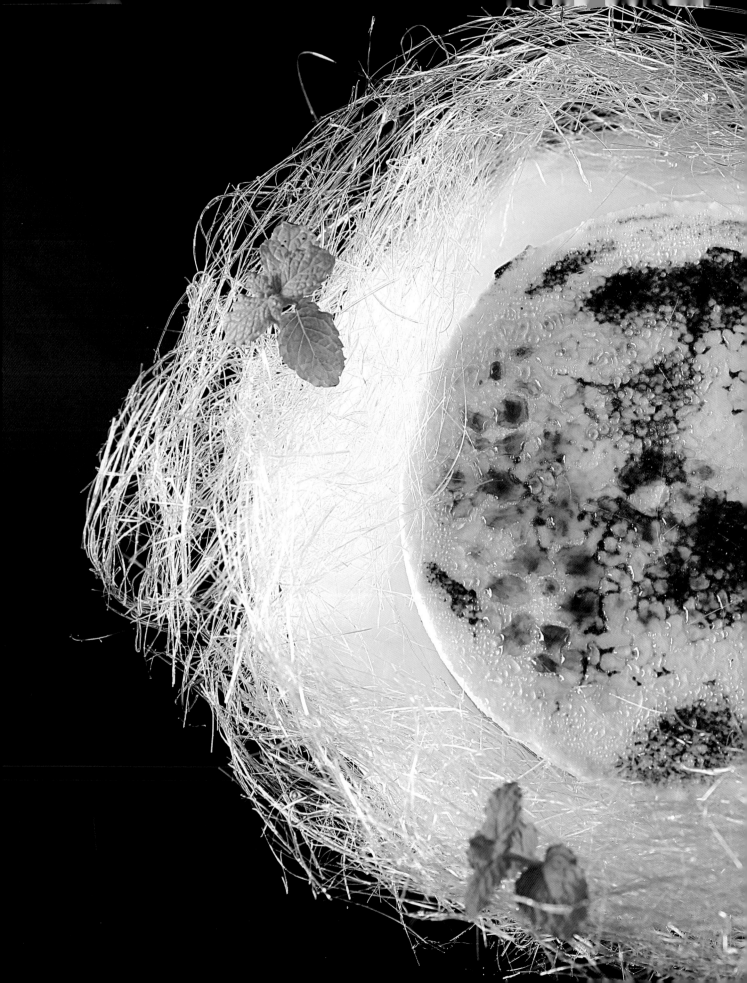

03/
辫子面包

1. 面团

/ 配方 /

法国面包专用粉（高筋面粉）			2 千克
生酵母	80 克	牛奶	1000 毫升
全蛋	2 个	麦芽糖浆	10 克
黄油	250 克	盐	40 克

/ 制作过程 /

1.1 将生酵母（切碎）加入面粉里，搅拌均匀。

1.2 在鸡蛋中加入盐和麦芽糖浆，搅拌后加入面粉中。

1.3 将牛奶加热到30℃；取2/3加入面粉中，慢速搅拌；大约搅拌 1 分钟后再加入剩余 1/3 的牛奶，约搅拌 1 分 50 秒。

1.4 加入室温融化的黄油，先慢速搅拌，再快速搅拌 3 分钟左右即可。

1.5 切割面团，每个 200 克。

1.6 面团揉圆后，盖上油纸，防止面皮干燥。

1.7 将面团擀成 50 厘米长的面卷（长度很重要）。

1.8 将两根面卷交叉放置，一根面卷先绕过交点交叉、拉紧，另一根面卷交叉拉紧，重复此动作，编成辫子，三根面卷也用类似的手法编织起来；编好后放入醒发箱，以温度 30℃、湿度 70% 醒发 26 分钟。

2. 涂抹蛋黄液

/ 配方 /

蛋黄	2 个	水	少量
食盐	少量		

/ 制作过程 /

2.1 在蛋黄液中加入食盐和水，搅拌均匀；从醒发箱中取出面包，在表面刷上一层蛋液。

2.2 放入平炉内以上下火 180℃ /200℃烤 20 分钟后，掉个头再烤 15 分钟左右。

04

佛罗伦汀焦糖杏仁饼

1. 黄油面糊

/ 配方 /

黄油	**150 克**	糖粉	**200 克**
蛋白液	**100 克**	低筋面粉	**210 克**
高筋面粉	**90 克**	香草精	**1 克**

/ 制作过程 /

1.1 黄油室温软化，加入少许蛋白液搅拌；分三次加入糖粉搅拌（搅拌时不要太用力，搅拌至顺滑有光泽即可），加入剩余的蛋白液搅拌。

1.2 加入香草精搅拌，再加入过筛的低筋面粉和高筋面粉，以压拌方式搅拌均匀。

1.3 装入裱花袋中，挤出图案，中间镂空；放入冰箱冷冻几分钟，凝固后即可取出；放入风炉中以 180℃先烤 8 分钟，烤盘掉个头再烤 3 分钟。

2. 小饼馅料及组装

/ 配方 /

黄油	**100 克**	幼砂糖	**125 克**
葡萄糖	**125 克**	杏仁片	**125 克**
淡奶油	**100 克**		

/ 制作过程 /

2.1 将杏仁片入炉烘烤至变色即可取出。

2.2 将幼砂糖分 3 ~ 4 次加入锅中熬煮成焦糖；加入葡萄糖后继续回锅加热煮沸。

2.3 煮沸后加入黄油，融化搅拌均匀，再加入淡奶油调节软硬度（视情况而定）。

2.4 将熬好的焦糖倒入烘烤好的杏仁片中，搅拌均匀。

2.5 取出冷冻好的曲奇饼干，将焦糖杏仁片装饰在曲奇中间镂空部分装饰；装饰完成后放入烤箱以 180℃烤 15 分钟。

05/
栗子蛋糕卷

1. 蛋糕卷

/ 配方 /

黄油	100克	高筋面粉	40克
低筋面粉	100克	全蛋	2个
蛋黄	8个	牛奶	180克
蛋白	8个	幼砂糖	120克
蛋白粉	3克		

/ 制作过程 /

1.1 将黄油加热到沸腾后关火。

1.2 加入过筛的低筋和高筋面粉，快速搅拌后稍微加热一下。

1.3 分次加入全蛋搅拌，起到降温作用；再分4次加入8个蛋黄，搅拌均匀。

1.4 牛奶加热到70℃后倒入面糊中搅拌，搅拌至柔顺的面糊状（舀起来是往下滴的状态）即可。

1.5 将搅拌好的面糊过筛，防止里面有颗粒或者蛋壳。

1.6 将蛋白粉和幼砂糖混合均匀；打发蛋白，分次加入蛋白粉和幼砂糖的混合物，打发至中性鸡尾状。

1.7 将少许步骤1.6先倒入步骤1.5中，混合搅拌均匀后再倒入剩余的步骤1.6，搅拌均匀。

1.8 倒入烤盘中，抹平。

1.9 另准备一个大烤盘，烤盘上铺一层浸泡过水的报纸，将步骤1.8的烤盘放在这个大烤盘上（水浴法），放入风炉中，以180℃烤20分钟。

2. 香缇奶油

/ 配方 /

35% 乳脂淡奶油	**600 克**	幼砂糖	**60 克**
香草精	**少量**	君度酒	**20 克**
吉利丁	**5 克**	冷水	**50 克**

/ 制作过程 /

2.1 将淡奶油和幼砂糖一起打发，打发时加入香草精和君度酒，快速打发。

2.2 将吉利丁放在冷水中浸泡，取少量步骤 2.1 搅拌均匀，再倒回奶油里一起搅拌均匀。

2.3 在冰水中隔水冷却，继续搅拌降温。

3. 装饰

/ 配方 /

栗子	**200 克**	糖浆	**200 克**

/ 制作过程 /

3.1 取出烤好的蛋糕，以浅色的一面为顶面；栗子切成小碎块；糖浆加水稀释一下；将调好的糖浆刷到蛋糕卷上即可。

3.2 取出冷却的奶油，抹在蛋糕胚上。

3.3 无规则撒上栗子碎块后，卷起蛋糕卷，冷藏。

3.4 冷藏 1 小时后取出，在顶面挤一层奶油，周边撒点糖粉；切块的时候刀要先浸泡在热水里，易于切蛋糕卷。

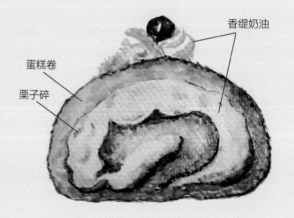

香缇奶油
蛋糕卷
栗子碎

栗子蛋糕卷 剖面图

06/柠檬塔

1. 油酥面团

/ 配方 /

黄油	240 克	糖粉	100 克
杏仁粉和糖粉（1:1）	100 克	香草精	6 克
盐	2 克	全蛋	80 克
高筋面粉	100 克	低筋面粉	300 克

/ 制作过程 /

1.1 黄油、糖粉、杏仁粉混合，搅拌均匀。

1.2 加入全蛋，搅拌均匀。

1.3 将高筋面粉、低筋面粉和盐一起过筛后，和香草精一起加入步骤 1.2 中搅拌。

1.4 搅拌成面团后取出，压平，冷冻一会儿后取出再次折压，再放入冰箱冷冻。

1.5 压面机将面团压至 3～3.5 毫米厚，急速冷冻 2～3 分钟，使表面干硬；用圈模将面皮压出圆形面片，用手指轻轻将面片嵌入塔模中；放入平炉，以上下火 160℃ /170℃ 烘烤 30 分钟。

2. 柠檬奶油

/ 配方 /

柠檬皮屑	1 个	柠檬汁	225 克
幼砂糖	450 克	黄油	300 克
布丁粉	45 克	全蛋	450 克

/ 制作过程 /

2.1 将柠檬汁倒入锅中，削一个柠檬皮屑进去，加入幼砂糖、布丁粉一起搅拌煮沸。

2.2 快要煮沸的时候加入搅拌好的全蛋，继续熬煮后再加入黄油，直至熬成面糊状。

2.3 将熬好的面糊过筛，防止里面存在颗粒；再倒回锅中，稍微加热后放入冰块中隔水冷却。

2.4 冷却后挤入塔模，冷冻。

3. 意式蛋白霜

/ 配方 /

幼砂糖 1　**300 克**　　　水　　　　**90 克**
蛋白　　**200 克**　　　幼砂糖 2　**100 克**

/ 制作过程 /

3.1　幼砂糖 1 和水一起煮成糖浆状（150℃）。

3.2　打发蛋白，匀速加入幼砂糖 2，打到起泡时
　　　慢慢冲入糖浆，一直打发至呈软性鸡尾状。

4. 组装

/ 配方 /

烤杏仁片　**适量**
糖粉　　　**适量**

/ 制作过程 /

4.1　取出冷冻好的柠檬塔，套上圈模，挤入意
　　　式蛋白霜；表面抹平后放上烤好的杏仁片；
　　　撒上糖粉；放入烤箱以 240℃ 烘烤 2 ~ 3
　　　分钟。

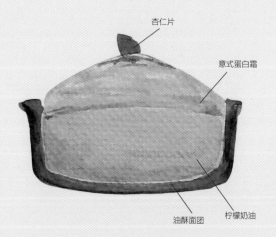

杏仁片

意式蛋白霜

油酥面团

柠檬奶油

柠檬塔　剖面图

07/
玛德琳小蛋糕

/ 配方 /

杏仁膏	120 克	黄油	120 克
蛋黄	80 克	幼砂糖	70 克
蜂蜜	12 克	香草荚	半根
小麦粉	95 克	泡打粉	3.5 克

/ 制作过程 /

1 黄油室温软化，加入杏仁膏中，搓匀。

2 放入搅拌机中，以中速打发，加入蛋黄
   打发后，依次加入蜂蜜、幼砂糖和半根
   香草荚籽，充分打发。

3 将小麦粉和泡打粉混匀过筛后加入步骤
   1.2 中搅拌。

4 挤入已涂抹脱模油的硅胶模具中，放入
   风炉中以 180℃烤 8 ~ 10 分钟。

08/
抹茶玛德琳

/ 配方 /

杏仁膏	120 克	黄油	120 克
蛋黄	80 克	全蛋	70 克
幼砂糖	85 克	蜂蜜	18 克
抹茶粉	9 克	小麦粉	90 克
泡打粉	3.6 克	淡奶油	30 克

/ 制作过程 /

1 将黄油室温软化，加入杏仁膏中，用手搓匀后
  倒入搅拌机中，中速打发。

2 加入幼砂糖搅拌，再加入蛋黄和全蛋搅拌均匀，
  加入蜂蜜继续搅拌。

3 搅拌均匀后取下搅拌桶，加入过筛的抹茶粉、
  小麦粉和泡打粉，搅拌均匀。

4 加入淡奶油搅拌均匀。

5 挤入已涂抹脱模油的硅胶模具中，放入风炉中
  以 180℃烤 8 ~ 10 分钟。

09/ 巧克力蛋糕卷

1. 无面粉巧克力饼底

/ 配方 /

蛋黄	12 个	水	20 克
幼砂糖 1	200 克	蛋白	12 个
幼砂糖 2	130 克	蛋白粉	5 克
可可粉	60 克	70% 可可脂巧克力	100 克

/ 制作过程 /

1.1 打发蛋黄，倒入 20 克水，慢慢加入幼砂糖 1，搅拌均匀。

1.2 将蛋白粉和幼砂糖 2 混匀。

1.3 打发蛋白，先加入少许步骤 1.2 快速打发，起泡后再加入剩下步骤 1.2 快速打发。

1.4 将打发好的蛋白霜倒一半到步骤 1.1 中，搅拌均匀。

1.5 加入可可粉，搅拌均匀；继续加入另一半蛋白霜搅拌均匀。

1.6 加入融化好的巧克力继续搅拌均匀。

1.7 将打好的面糊倒入铺有油纸的烤盘中，表面抹平。

1.8 将大烤盘铺上一层沾水的纸，然后将步骤 1.7 的小烤盘放在大烤盘中；放入风炉中以 180℃烤 20 分钟。

2. 香缇奶油

/ 配方 /

淡奶油	800 克	幼砂糖	80 克
君度酒	30 克	香草精	少量

/ 制作过程 /

2.1 将淡奶油打发，然后加入幼砂糖、香草精和君度酒，快速打发。

2.2 放入冰水中冷藏。

3. 组装

/ 配方 /

糖浆	**150 克**
覆盆子利口酒	**40 克**
装饰用巧克力	**少许**

/ 制作过程 /

3.1 将烤好的无面粉巧克力饼底冷却后翻面，在上面涂抹一层糖浆（糖浆的制作：水 100 克，糖 100 克，加热到 30℃冷却后加入利口酒搅拌均匀）。

3.2 表面晾干后抹一层香缇奶油。

3.3 将步骤 3.2 卷起。

3.4 在蛋糕卷表面再涂抹一层香缇奶油。

3.5 刮一层巧克力丝在表面作为装饰，切块即可。

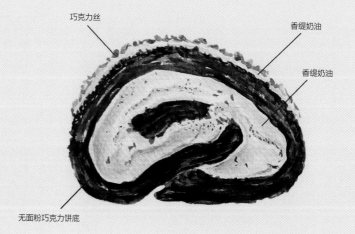

巧克力丝　　　　　　　　　　　　　　　　香缇奶油

　　　　　　　　　　　　　　　　　　　香缇奶油

无面粉巧克力饼底

巧克力蛋糕卷　剖面图

10/瑞典泡芙

1. 油酥面团

/ 配方 /

黄油	**70 克**	糖粉	**30 克**
香草精	**少量**	低筋面粉	**100 克**

/ 制作过程 /

1.1 黄油于室温融化，加入糖粉，用手搅拌均匀，加入香草精搅拌均匀。

1.2 加入低筋面粉，搅拌均匀。

1.3 用保鲜膜将面团包起，压平，冷藏。

2. 泡芙面糊

/ 配方 /

水	**100 克**	黄油	**100 克**
低筋面粉	**100 克**	全蛋	**5 个**

/ 制作过程 /

2.1 黄油中加入少量水，加热融化，稍微煮沸后关火，稍微冷却。

2.2 加入过筛的低筋面粉，搅拌；再放回火上加热搅拌。

2.3 将鸡蛋一个一个地加入，搅拌均匀成面糊状。

2.4 装入裱花袋，挤入烤盘中，在表面喷上一层水，防止烘烤开裂。

2.5 从冰箱取出油酥面团，揉捏擀平，压出圆饼状，放在面糊上面作为顶部。

2.6 在表面喷上一层水防止面皮干裂；放入风炉以 200℃烘烤 15 分钟。

3. 卡仕达奶油

/ 配方 /

牛奶	**60克**	蛋黄	**60克**
幼砂糖	**120克**	香草荚	**半根**
低筋面粉	**20克**	玉米淀粉	**25克**
君度酒	**20毫升**		

/ 制作过程 /

3.1 牛奶加热，加入半根香草荚籽和1/2的幼砂糖煮沸。

3.2 搅拌桶里放入一点牛奶，加入蛋黄和剩余的幼砂糖，搅拌均匀后加入低筋面粉和玉米淀粉搅拌；等牛奶煮沸后，全部倒入搅拌桶中，一起搅拌均匀。

3.3 将搅拌均匀的香草牛奶过筛，回炉小火加热，熬成糊状，取出隔冰降温。

3.4 待卡仕达奶油完全冷却后加入君度酒，搅拌均匀，放入冰水中冷却降温。

4. 香缇奶油及组装

/ 配方 /

淡奶油	**400克**	幼砂糖	**40克**
香草精	**少量**	君度橙酒	**少量**

/ 制作过程 /

4.1 将淡奶油、幼砂糖、香草精和君度橙酒打发，成为香缇奶油，放入冰水中冷却；倒一些到卡仕达奶油中搅拌。

4.2 将步骤3.4挤入烤好的泡芙中。

4.3 将剩下的香缇奶油挤在卡仕达奶油上面，即可。

11/巧克力泡芙

1. 泡芙

/ 配方 /

水	150 克	黄油	100 克
起酥油	50 克	低筋面粉	130 克
黑可可粉	20 ~ 30 克	全蛋	5 个（约 250 克）

/ 制作过程 /

1.1 将水、黄油和起酥油煮沸。

1.2 加入过筛的低筋面粉和黑可可粉，加热搅拌至锅底出现一层薄膜即可。

1.3 加入全蛋搅拌均匀，提起刮刀，面糊呈现倒三角状态即可。

1.4 装入裱花袋中（裱花嘴直径 1.3 ~ 1.4 厘米），在烤盘上挤出直径为 4.5 ~ 5 厘米的圆。

1.5 在表面喷一层水，防止烘烤后面皮干裂；放入风炉中，以 200℃烤 30 分钟。

2. 巧克力卡仕达奶油及组装

/ 配方 /

牛奶	1000 毫升	蛋黄	10 个
幼砂糖	200 克	苦巧克力	80 克
低筋面粉	40 克	玉米淀粉	30 克
香草精	少量	糖粉	适量

/ 制作过程 /

2.1 将低筋面粉和玉米淀粉混合过筛。

2.2 蛋黄中先加入 1/2 的幼砂糖，搅拌均匀后加入过筛的粉类，倒入搅拌机搅拌。

2.3 牛奶加热后加入剩余的幼砂糖和香草精，煮沸；将加热好的牛奶倒入搅拌好的蛋黄中，搅拌均匀。

2.4 牛奶和蛋黄搅拌均匀后过筛，再回炉煮至糊状即可，温度 83℃。

2.5 熬煮好以后加入融化的苦巧克力搅拌均匀即成为巧克力卡仕达奶油；放入冰水中隔水冷却。

2.6 取出步骤 1.5 的泡芙，在盖子上撒上糖粉，挤入巧克力卡仕达奶油后再挤入香缇奶油（见"瑞典泡芙"），盖上盖子即可。

12/
水果覆盆子塔

1. 杏仁马卡龙

/ 工具 /

21 厘米慕斯圈 **3 个**

/ 配方 /

蛋白	**345 克**	幼砂糖	**145 克**
糖粉 1	**180 克**	低筋面粉	**45 克**
杏仁粉	**200 克**	糖粉 2	**少量**
蛋白粉	**5 克**		

/ 制作过程 /

1.1 慢速打发蛋白，将幼砂糖和蛋白粉混合后先加入少许至打发的蛋白中，搅拌至 70% 的状态时再倒入剩下的幼砂糖和蛋白粉，打发至中性鸡尾状。

1.2 将糖粉 1、低筋面粉、杏仁粉混合过筛后，倒入打发好的蛋白霜里，边倒边搅拌。

1.3 将打好的面糊装入裱花袋中，挤入 21 厘米的慕斯圈中。

1.4 沿着圈模上围周边（如图）再挤上一圈面糊。

1.5 表面撒上适量糖粉 2；放入平炉，以上下火 160℃ /170℃ 烤 27 分钟。

2. 慕斯琳奶油

/ 配方 /

卡仕达奶油：

牛奶	**400 克**	幼砂糖	**80 克**
蛋黄	**2 个**	玉米淀粉	**15 克**
香草精	**少量**		

香缇奶油：

幼砂糖	**20 克**	淡奶油	**200 克**
君度酒	**少量**		

/ 制作过程 /

2.1 卡仕达奶油：
蛋黄中加入一点牛奶，搅拌 其余牛奶加热，将 1/2 的幼砂糖加入牛奶中加热，剩余的幼砂糖和蛋黄、玉米淀粉一起搅拌均匀；牛奶煮沸后倒入蛋黄的混合物中，再次加热，煮成面糊状后过筛。

2.2 放入冰块中隔水冷却，并加一点香草精搅拌均匀。

2.3 香缇奶油：
将幼砂糖和淡奶油打发，加入君度酒搅拌均匀。

2.4 香缇奶油搅拌好后倒一半至卡仕达奶油里面，搅拌均匀，挤入杏仁马卡龙蛋糕体中，抹平，冷藏。

3. 组装

/ 配方 /

黄桃罐头	**适量**
镜面果胶	**适量**

/ 制作过程 /

3.1 黄桃切半，用纸巾将水吸干，依次放入奶油中，涂上镜面果胶。

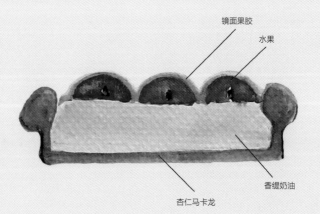

镜面果胶
水果
香缇奶油
杏仁马卡龙

水果覆盆子塔　剖面图

13/桃子慕斯

1. 手指海绵蛋糕

/ 配方 /

蛋黄	**4个**	幼砂糖 1	**55克**
蛋白	**4个**	幼砂糖 2	**50克**
低筋面粉	**125克**	糖粉	**适量**
香草精	**少量**		

/ 制作过程 /

1.1 将蛋白打发，分次加入幼砂糖 1。

1.2 将蛋黄放入盆中，加少许水，倒入幼砂糖 2，搅拌均匀。

1.3 加入少量打发好的蛋白霜到蛋黄里，搅拌，然后加入过筛的低筋面粉，搅拌均匀即为面糊。

1.4 剩余的蛋白霜中加入香草精，搅拌均匀后装入裱花袋。

1.5 沿着 16 厘米的模具在烤盘纸上画出圆圈，在圆圈中挤入面糊。

1.6 面糊上面撒上一层糖粉，放入风炉中以 170 ~ 180℃烤 7 分钟。

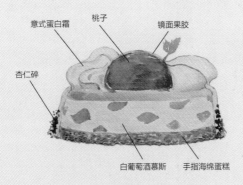

意式蛋白霜　桃子　镜面果胶　杏仁碎　白葡萄酒慕斯　手指海绵蛋糕

桃子慕斯　剖面图

2. 白葡萄酒慕斯

/ 配方 /

蛋黄	**25 克**	幼砂糖	**50 克**
白葡萄酒 1	**20 克**	吉利丁	**10 克**
红葡萄酒	**60 克**	柠檬汁	**半个**
白葡萄酒 2	**40 克**	桃子利口酒	**20 克**
淡奶油	**250 克**	罐头桃子	**适量**
糖粉	**少许**		

/ 制作过程 /

2.1 蛋黄中加入白葡萄酒 1 和幼砂糖，搅拌均匀。

2.2 隔水加热到 85℃，不停地搅拌。

2.3 将淡奶油打发呈中性发泡。

2.4 将吉利丁片泡软后隔水加热成液体状，加入到步骤 2.2 中搅拌。

2.5 分次将打发好的淡奶油加入到步骤 2.4 中，搅拌均匀。

2.6 锅里加入红葡萄酒、白葡萄酒 2 和去皮的桃肉，加热将桃子煮烂。

2.7 在搅拌好的步骤 2.5 中加入桃子利口酒，充分搅拌均匀。

2.8 取一些罐头桃子，将水分吸干，切成碎块，倒入一些柠檬汁，搅拌均匀。

2.9 将烤好的海绵蛋糕放进 16 厘米的模具里；在蛋糕体表面刷上一层糖浆（取 200 克糖和 200 克水隔水加热，稍微煮沸，放入冰块中冷却）。

2.10 再抹上一层慕斯，在上面铺一层桃子碎，再铺一层慕斯，最后再铺一层海绵蛋糕（表面刷上一层糖浆）。

2.11 表面撒少许糖粉，放入冰箱冷冻。

3. 意式蛋白霜

/ 配方 /

水	**60 克**	幼砂糖	**180 克**
蛋白	**100 克**		

/ 制作过程 /

3.1 将糖和水煮沸到 115℃。

3.2 蛋白打到起泡时慢慢加入加热好的糖水，继续打发，打到蛋白拉起呈鸡尾状即可。

4. 组装

/ 配方 /

桃子	**适量**	镜面果胶	**适量**
杏仁碎	**适量**	食用红色色素	**适量**
薄荷叶	**少量**		

/ 制作过程 /

4.1 将慕斯取出，放置在转盘上，表面抹上一层蛋白霜，四周再挤一圈花边。

4.2 将杏仁碎用食用红色色素上色，放入烤箱稍微烘烤后取出；用红色杏仁碎在底部边缘装饰一圈。

4.3 用火枪将蛋白霜表面烧成焦黄色后冷冻。

4.4 将半个桃子装饰在蛋糕的中部，将透明果胶加热融化后涂抹到桃子表面，再装饰上薄荷叶。

14/ 水果马卡龙

1. 覆盆子马卡龙

/ 工具 /

烤盘	2 个

/ 配方 /

杏仁粉	160 克	糖粉	250 克
蛋白	150 克	幼砂糖	60 克
食用色素（红）	少量		

/ 制作过程 /

1.1 打发蛋白，分 2 次加入幼砂糖，打发至中性鸡尾状后加入红色色素，调成粉色后继续打发至硬性鸡尾状。

1.2 加入过筛的糖粉和杏仁粉，搅拌均匀。

1.3 装入裱花袋中（大圆嘴）；在烤盘上挤出直径 5 厘米的圆形，振平，晾 15 分钟左右使表面干燥；将马卡龙放入风炉，以 170℃烤 10 分钟左右。

2. 开心果慕斯琳奶油及组装

/ 配方 /

卡仕达奶油	300 克	开心果果泥	30 克
香缇奶油	150 克	樱桃酒	15 克
覆盆子	适量	糖粉	少许

小贴士

此款配方中所用的"卡仕达奶油"和"香缇奶油"可以参考"瑞典泡芙"中的配方和做法。

/ 制作过程 /

2.1 用温水隔水软化卡仕达奶油，加入开心果果泥，搅拌均匀。

2.2 分 3 次加入香缇奶油，搅拌均匀。

2.3 加入樱桃酒搅拌均匀，即为慕斯琳奶油。

2.4 慕斯琳搅拌好后挤入马卡龙小饼中间，周围再挤一圈香缇奶油。

2.5 在香缇奶油上面放一圈覆盆子，中间用香缇奶油填满。

2.6 盖上盖子，撒少许糖粉即可。

15/威尼斯曲奇

/ 配方 /

黄油	150 克	幼砂糖	200 克
蛋黄	30 克	淡奶油	100 克
香草精	少量	食盐	3 克
苏打粉	2 克	蛋白	少量
低筋面粉	300 克	肉桂粉	15 克
糖粉	适量	香草精	少量
核桃碎	30 克	小粒葡萄干	30 克
巧克力酱砖（切碎）		30 克
裹糖橙皮粒		30 克

/ 制作过程 /

1 将黄油、幼砂糖搅拌均匀后，加入蛋黄搅拌，然后依次加入淡奶油、香草精、食盐、苏打粉和蛋白，搅拌后再一起倒入搅拌桶里搅拌均匀。

2 加入过筛的低筋面粉和肉桂粉，搅拌成面团。

3 取出面团，分成 4 块，每块 175 克，分别将核桃碎、小粒葡萄干、碎巧克力、裹糖橙皮粒揉进每个面团。

4 将每个面团整形成长方体，切成 0.2 厘米厚的块状，放入平炉中，以上下火 180℃烘烤 20 分钟。

16/
佐茶小点

1. 面糊

/ 配方 /

全蛋	6 个	幼砂糖	600 克
食盐	1 克	淡奶油	250 克
黄油 1	50 克	高筋面粉	100 克
低筋面粉	250 克	泡打粉	10 克
柠檬皮碎	2 个	黄油 2	200 克

/ 制作过程 /

1.1 将黄油 1 加热融化后离火稍微冷却；将少量淡奶油加入到黄油里面，搅拌；再倒回淡奶油盆里一起搅拌均匀，制作成厚奶油。

1.2 将全蛋放入搅拌机打发，匀速加入幼砂糖和食盐；高筋面粉、低筋面粉和泡打粉过筛后慢慢加入正在打发的鸡蛋中，继续搅拌。

1.3 将柠檬皮碎倒入打发好的步骤 1.2 中，搅拌均匀；倒入厚奶油中搅拌。

1.4 将室温融化的黄油 2 搅拌好以后先倒少量到步骤 1.3 中，搅拌均匀后再全部倒回黄油里面，充分搅拌均匀。

1.5 准备好方形蛋糕模，模具中先铺一层油纸，将面糊倒入模具中，五分满即可，放入风炉中，以 170℃ 烤 35 ~ 40 分钟。

2. 糖浆

/ 配方 /

糖粉	300 克
水	20 克
苏格兰威士忌利口酒	15 克

/ 制作过程 /

2.1 将糖粉和水一起搅拌均匀；然后加入利口酒搅拌均匀。

3. 组装

/ 配方 /

杏子酱	适量

/ 制作过程 /

3.1 将杏子酱稍微加点水放入锅中加热，煮沸。

3.2 将步骤 3.1 的杏子酱涂抹到蛋糕四周，晾干。

3.3 涂一层糖浆，放入烤箱以 200℃ 烤 1 分钟，至表面有一层像冰霜的状态即可。

野泽孝彦作品

野泽孝彦

　　野泽孝彦曾在多个世界级甜点、巧克力大赛中斩获头奖。曾在维也纳学习和工作的他，将传统的维也纳甜点带回了日本，不但传承了维也纳甜点不能随意改变其制作手法的传统，也让更多的人认识并爱上了维也纳甜点。野泽孝彦在日本拥有属于自己的店面，也出版过关于维也纳传统甜点的书籍。从业经历超过 20 年，野泽孝彦的甜点店总是座无虚席，产品一经推出便很快被抢购一空。

01/
阿加特

1. 桃子

/ 配方 /

桃子　　6个

/ 制作过程 /

1.1 将6个桃子放入锅中，加水煮开。

1.2 放入冰块中冷却后将桃子去皮。

2. 啫喱汁

/ 配方 /

水	300克	蜂蜜	60克
吉利丁片	6克	柠檬皮	少许
月桂叶	少许		

/ 制作过程 /

2.1 煮锅里加入水、蜂蜜、柠檬皮、月桂叶，煮沸。

2.2 过筛后加入泡好的吉利丁片，等吉利丁融化之后，将锅放入装有冰水的盆中快速冷却至手温（边搅拌边冷却，以免靠近锅边缘的啫喱凝固）。

3. 慕斯

/ 配方 /

椰子果蓉	**200 克**	幼砂糖	**60 克**
蛋白	**40 克**	35% 淡奶油	**150 克**
吉利丁片	**4 克**		

/ 制作过程 /

3.1 打发淡奶油，打好后放入冰箱冷藏。

3.2 将蛋白打至湿性转中性发泡，打发好之后加入幼砂糖搅拌均匀成为蛋白霜。

3.3 在煮锅里加热椰子果蓉，加热温度为60℃。

3.4 放入泡好的吉利丁片，搅拌均匀，然后取出，放入冰块中冷却。

3.5 椰子果蓉冷却完全后，加入打发好的淡奶油和打发好的蛋白霜，搅拌均匀后冷藏。

4. 组装

/ 配方 /

幼砂糖　　**200 克**

/ 制作过程 /

4.1 将桃子切小块放进杯子中。

4.2 倒入冷却的啫喱汁，放入冰箱冷冻几分钟。

4.3 将冷藏好的慕斯用滴壶滴入步骤 4.2 冷冻后的杯子中，慕斯上面装饰桃子切片。

4.4 将幼砂糖煮至 120℃，用勺子舀糖，在容器上方快速抖动，拉出糖丝，用手将糖丝抓出一个轻盈的球状。

4.5 将糖丝装饰到杯子上。

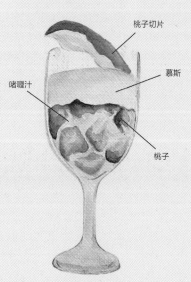

桃子切片

慕斯

啫喱汁

桃子

阿加特　剖面图

02/
奥地利主教夹饼

1. 面糊

/ 配方 /

蛋白	320 克	幼砂糖 1	230 克
玉米淀粉	40 克	蛋黄	100 克
全蛋	50 克	幼砂糖 2	60 克
低筋面粉	70 克	糖粉	适量

/ 制作过程 /

1.1 将蛋白和幼砂糖 1 快速打发，加入玉米淀粉，先慢速搅拌，完全融合后再加快搅拌速度。

1.2 搅拌结束后装入裱花袋，在烤盘中挤出三条直线，中间留出空隙，待接下来挤入其他面糊。

1.3 将蛋黄、全蛋和幼砂糖 2 一起打发，打发后取出，加入低筋面粉搅拌均匀。

1.4 将步骤 1.3 装入裱花袋，挤入刚才三条面糊的空隙中，表面筛上糖粉，放入烤箱，以上下火 200℃ /140℃ 烤 10 分钟。

2. 咖啡糖浆

/ 配方 /

水	300 克	幼砂糖	250 克
烘烤过的咖啡豆	70 克		

/ 制作过程 /

2.1 将打碎的咖啡豆放入水中煮，边煮边搅拌，煮开之后倒入幼砂糖，煮到第二次沸腾后关火，用余热搅拌至糖化。

2.2 用漏斗过滤出咖啡糖浆。

2.3 咖啡糖浆搅拌好后放在冰块中冷却，搅拌成半固态状态即可。

3. 咖啡酱

/ 配方 /

35% 淡奶油	**900 克**	吉利丁片	**20 克**
咖啡糖浆	**120 克**	浓缩咖啡	**100 克**

/ 制作过程 /

3.1 打发淡奶油。

3.2 将咖啡糖浆和浓缩咖啡混合搅拌。混合物中加入融化的吉利丁片，搅拌均匀，再加入打发好的淡奶油，搅拌均匀。

4. 组装

/ 配方 /

装饰糖粉　　　　**适量**

/ 制作过程 /

4.1 取出烤好的面糊，横切成两片。

4.2 一片的表面挤入咖啡酱，抹平后再放上另一片，将四周的咖啡酱抹平后冷冻。

4.3 冷冻后取出，取一把尺子横放在中间，表面撒上糖粉，拿走尺子即完成。

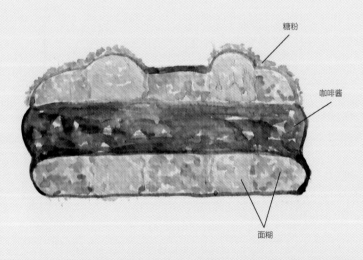

糖粉

咖啡酱

面糊

奥地利主教夹饼　剖面图

03/ 奥地利主教苹果酥

面团皮

海绵蛋糕碎夹心

奥地利主教苹果酥　剖面图

1. 面团

/ 配方 /

低筋面粉	120 克
高筋面粉	120 克
黄油	45 克
水	120 克
盐	少量

/ 制作过程 /

1.1 将低筋面粉、高筋面粉、水、融化的黄油、盐倒进盆里，用手搅拌。

1.2 揉成面团，醒发 30 分钟。

2. 海绵蛋糕碎夹心

/ 配方 /

苹果	1600 克	幼砂糖	180 克
肉桂粉	10 克	葡萄干	200 克
烤核桃碎	200 克	柠檬汁	50 克
海绵蛋糕碎	500 克		

/ 制作过程 /

2.1 苹果切薄片，但不要切断。

2.2 将苹果、幼砂糖、肉桂粉、葡萄干、烤核桃碎放在容器中，搅拌。

2.3 加入海绵蛋糕碎，倒入柠檬汁，搅拌均匀。

3. 组装

/ 配方 /

黄油	适量

/ 制作过程 /

3.1 将醒发好的面团擀平擀薄，用手在空中甩成大薄饼状。

3.2 在面皮表面刷上融化的黄油，铺上海绵蛋糕碎夹心。

3.3 将面皮连同夹心卷起来，两端面皮捏紧；放入烤箱，以上下火 220℃ /150℃，先关上风门烤 20 分钟，再拉开风门烤 5 ~ 7 分钟。

3.4 出炉，冷却，切成小段，即可。

04/ 白奶酪慕斯

1. 慕斯

/ 配方 /

奶油奶酪	400 克		
35% 淡奶油	325 克	幼砂糖	130 克
蛋白	70 克	吉利丁片	7 克
柠檬汁	20 克		

/ 制作过程 /

1.1 冷水浸泡吉利丁片；淡奶油打发；蛋白打发。
1.2 将柠檬汁倒入奶油奶酪中，搅拌均匀。
1.3 煮锅中放入幼砂糖，稍加一点水，煮沸后慢慢倒入步骤 1.1 打发的蛋白中，然后快速搅拌。
1.4 把柠檬汁奶酪先倒一点到步骤 1.1 融化的吉利丁中，搅拌均匀后倒回至剩余的奶酪里搅拌。
1.5 先将少量步骤 1.3 蛋白霜倒入柠檬奶酪里搅拌，搅拌得差不多时再倒入剩下的蛋白霜，搅拌均匀后再和步骤 1.1 打好的淡奶油搅拌均匀，放入冰箱冷藏。

2. 海绵蛋糕

/ 配方 /

糖粉	120 克	杏仁粉	139 克
全蛋	190 克	低筋面粉	36 克
蛋白	120 克	幼砂糖	20 克
黄油	30 克		

/ 制作过程 /

2.1 全蛋里加入糖粉、杏仁粉、低筋面粉，搅拌均匀；黄油加热融化。
2.2 打发蛋白，在蛋白快速打发过程中，匀速加入幼砂糖。
2.3 将少量的蛋白霜倒入面糊里，搅拌；加入热黄油搅拌均匀。
2.4 将剩余的蛋白霜全部加入，搅拌均匀，放入烤盘以上下火 180℃ /140℃ 烤 10 分钟。

3. 组装

/ 工具 /

慕斯圈   多个

/ 配方 /

糖粉   适量

/ 制作过程 /

3.1 将慕斯挤入模具中至八分满。
3.2 将烤好的海绵蛋糕用慕斯圈模压成圆形小蛋糕，放置在慕斯表面，冷冻后脱模。
3.3 表面撒上糖粉装饰。

05/
果酱夹心曲奇

/ 配方 /

蛋黄	100克
糖粉	100克
低筋面粉	100克
香草荚	1根
果酱	适量

/ 制作过程 /

1 将香草荚籽刮出，放入搅拌器，和蛋黄、糖粉一起搅拌。

2 搅拌好后，加入低筋面粉搅拌均匀；装入裱花袋中，在烤盘上挤出圆形。

3 圆形中央装饰上果酱，以上下火180℃/120℃烤20～25分钟。

06/
果仁弯包

1. 面团

/ 配方 /

低筋面粉	200 克	黄油	80 克
幼砂糖	25 克	蛋黄	1 个
牛奶	60 克	香草荚	1 根
盐	少量	酵母粉	3g

/ 制作过程 /

1.1 将低筋面粉、幼砂糖、黄油、酵母粉、盐、蛋黄、牛奶和香草荚籽一起搅拌均匀。

1.2 用手揉匀面团，分割，每块面团重量 23 克。

1.3 揉圆后压成小饼状，包上保鲜膜冷藏 1 小时。

2. 内馅

/ 配方 /

牛奶	65 克	幼砂糖	50 克
核桃粉	75 克	海绵蛋糕碎	25 克
烤核桃碎	50 克	肉桂粉	4 克
朗姆酒	25 克		

/ 制作过程 /

2.1 将海绵蛋糕碎、核桃粉、肉桂粉一起搅拌均匀。

2.2 在煮锅里将牛奶和幼砂糖煮沸，再倒入步骤 2.1 中搅拌均匀，用小火煮，直至收干水分。

2.3 加入核桃碎粒和朗姆酒搅拌，加热搅拌至水分收干后，用保鲜膜包好，冷藏 1 小时。

3. 组装

/ 配方 /

蛋黄	1 个

/ 制作过程 /

3.1 将内馅切块。

3.2 将面皮擀成椭圆状，内馅包入面皮内，接口处用手指轻轻挤合，用手稍微在桌面搓一下，呈两头尖，然后塑形成 "V" 形。

3.3 表面刷上蛋黄（增加光泽），以 160℃烘烤 25 分钟。

07/ 栗子蛋糕

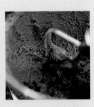

1. 栗子奶油

/ 配方 /

栗子泥	1000 克
35% 淡奶油	200 克

/ 制作过程 /

1.1 将栗子泥隔水融化。

1.2 将栗子泥倒入搅拌器中慢速搅拌。

1.3 将淡奶油分次慢速加入栗子泥中，待淡奶油全部加完后加快搅拌速度，搅拌完全后装入容器中，冷藏。

2. 巧克力奶油

/ 配方 /

65% ~ 70% 黑巧克力	100 克
35% 淡奶油	200 克
朗姆酒	20 克

/ 制作过程 /

2.1 将朗姆酒和淡奶油倒入搅拌桶中，慢速打发。

2.2 将融化好的黑巧克力加入打发好的淡奶油中，搅拌均匀。

3. 组装

/ 配方 /

淡奶油	100 克
防潮糖粉	适量

/ 制作过程 /

3.1 将提前准备好的底座（本书"香蕉切蛋糕"中的底座）切成长方形状，表面涂上一层薄薄的巧克力奶油。

3.2 在巧克力奶油上面挤出四条栗子奶油，涂一层巧克力奶油；然后挤出两条栗子奶油，涂一层巧克力奶油；最后再挤出一条栗子奶油，呈金字塔状。

3.3 将淡奶油打发，抹一层在塑形好的栗子蛋糕外，表面撒上防潮糖粉。

08/
林兹蛋糕

/ 配方 /

黄油	175 克	幼砂糖	175 克
全蛋	3 个	低筋面粉	300 克
杏仁粉	250 克	肉桂粉	2 克
多香果	2 克	萨赫蛋糕碎	50 克
树莓果酱	240 克		

/ 制作过程 /

1　黄油隔水加热。

2　待黄油稍微融化后加入幼砂糖，搅拌均匀。

3　分三次加入全蛋搅拌均匀。

4　依次加入低筋面粉、杏仁粉、萨赫蛋糕碎、肉
　　桂粉、多香果搅拌均匀。

5　面糊搅拌好后，挤入模具至 1/3 满，模具边缘
　　一圈多挤一层。

6　在中间凹的部分挤入树莓果酱，并在果酱上再
　　交叉挤上"井"字形面糊，作为装饰；放入烤
　　箱，以上下火 180℃烤 30 分钟。

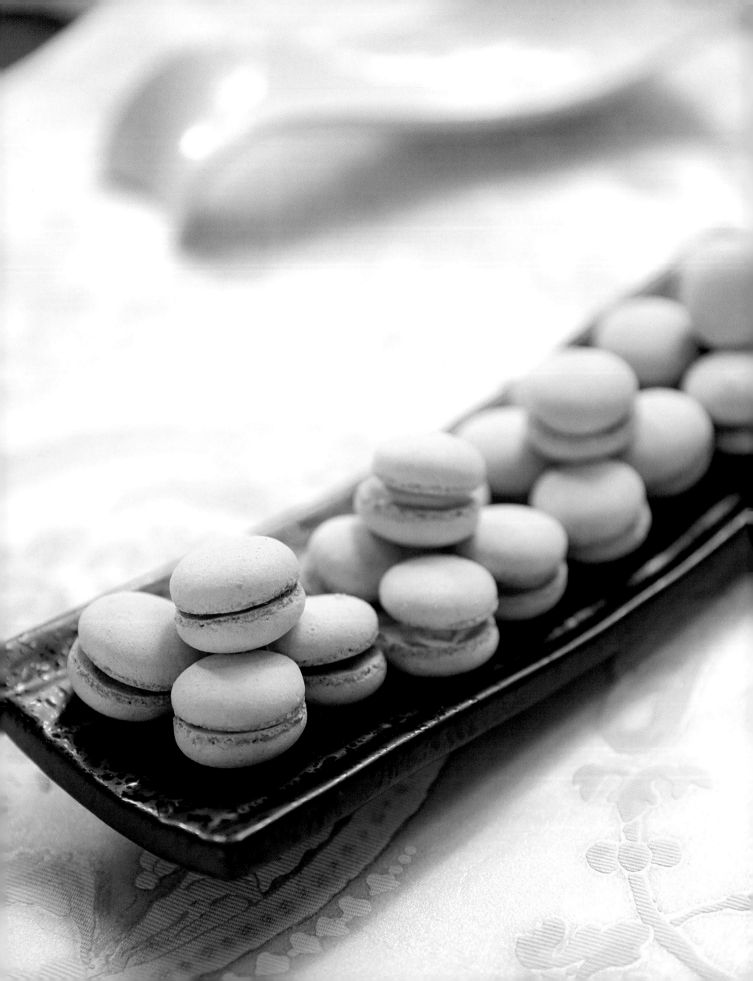

09/ 卢森堡小马卡龙

/ 配方 /

幼砂糖	270 克
蛋白 1	150 克
杏仁粉	350 克
糖粉	350 克
蛋白 2	120 克

/ 制作过程 /

1　幼砂糖加少许水煮至 120℃；将蛋白 1 打发。

2　将杏仁粉、糖粉、蛋白 2 一起搅拌成很细腻的面糊状。

3　将加热好的糖浆均匀地倒入步骤 1 打发的蛋白中，快速搅拌至光滑细腻。

4　将步骤 3 加入步骤 2 中搅拌均匀。

5　装入裱花袋，在烤盘上挤出小圆饼，放入烤箱以上下火 170℃ /120℃ 烤 10 分钟，烤好后根据自己喜欢的口味填充夹心。

10/
马拉可夫

/ 此配方可做直径 18 厘米 ×2 个 /

1. 手指饼干

/ 配方 A /

全蛋	**30 克**	蛋黄	**20 克**
幼砂糖	**30 克**		

/ 配方 B /

蛋白	**80 克**	幼砂糖	**40 克**

/ 配方 C /

低筋面粉	**65 克**	格雷伯爵茶（红茶）	**3 克**

/ 制作过程 /

1.1 将配方 A 的全蛋、蛋黄和幼砂糖，一起搅拌；将配方 C 的红茶粉倒入低筋面粉中。

1.2 将配方 B 的蛋白打发，分三次加入幼砂糖。

1.3 先将少量蛋白霜和步骤 1.1 搅拌均匀，加入混合好的红茶粉和低筋面粉，再加入剩余的蛋白霜，一起搅拌均匀。

1.4 用裱花袋在烤盘上挤出手指状面糊，表面筛上糖粉。放进烤箱以上下火 180℃ /140℃烤 12 分钟（开风门）。

2. 君度糖浆

/ 配方 /

水	**60 克**	幼砂糖	**40 克**
君度酒	**40 克**		

/ 制作过程 /

2.1 将水和幼砂糖加热煮沸。

2.2 冷却后倒入君度酒，混合均匀。

3. 慕斯

/ 配方 /

蛋黄	**110 克**	幼砂糖	**58 克**
君度酒	**40 克**	吉利丁片	**13 克**
35% 淡奶油	**400 克**		

/ 制作过程 /

3.1 将蛋黄、幼砂糖一起打发。

3.2 吉利丁片用少量热水隔水融化，和君度酒一起搅拌均匀。

3.3 将淡奶油打发好，先加少量淡奶油到君度酒和吉利丁混合液中搅拌，再将剩余全部加入搅拌均匀。

3.4 加入打发好的蛋黄，搅拌均匀。

4. 组装

/ 配方 /

戚风蛋糕底	18 厘米 ×2
防潮糖粉	适量
淡奶油	400 克

/ 制作过程 /

4.1 在慕斯圈模内侧包一圈透明胶纸，铺上烤好的戚风蛋糕底，表面涂抹一层君度糖浆。

4.2 挤入一层慕斯，铺一层手指饼，手指饼上刷君度糖浆；再挤一层慕斯，铺一层手指饼，刷上君度糖浆；最后再挤一层慕斯，表面抹平后冷冻。

4.3 冷冻后脱模，表面抹平。

4.4 打发淡奶油，在慕斯表面抹一层打发淡奶油，抹平后在表面的四周挤出一圈花边，筛上防潮糖粉。

4.5 放上手指饼做装饰即可。

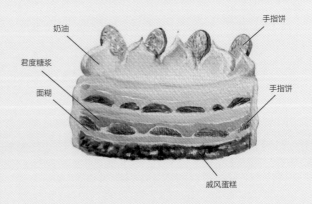

马拉可夫　剖面图

11/
香蕉切蛋糕

1. 甘纳许

/ 配方 /

黑巧克力	300 克	杏仁酱	100 克
淡奶油	500 克		

/ 制作过程 /

1.1 淡奶油加热至煮沸。

1.2 将煮开的淡奶油倒入黑巧克力和杏仁酱中，搅拌至黑巧克力和杏仁酱融化。

1.3 完全融化后倒入烤盘冷却。

2. 底座

/ 配方 /

全蛋	4 个	幼砂糖 1	150 克
低筋面粉	110 克	可可粉	30 克
杏仁粉	50 克	黄油	25 克
蛋白	60 克	幼砂糖 2	20 克

/ 制作过程 /

2.1 全蛋和幼砂糖一起打发；低筋面粉、可可粉、杏仁粉混合。

2.2 蛋白和幼砂糖 2 一起打发。

2.3 将混合的低筋面粉、可可粉、杏仁粉加入打发好的全蛋中，搅拌均匀后，取少许和融化的黄油搅拌均匀，再返倒回搅拌均匀，最后加入步骤 2.2 的蛋白霜，搅拌均匀。

2.4 倒入烤盘中，抹平后放入烤箱，以上下火190℃ /140℃烤 13 分钟。

3. 奶油

/ 配方 /

幼砂糖	100 克	蜂蜜	60 克
淡奶油 1	80 克	黄油	40 克
香蕉	600 克	朗姆酒	30 克
酸奶	60 克	淡奶油 2	450 克
香草荚	1 根		

/ 制作过程 /

3.1 将幼砂糖和蜂蜜加热，煮沸成糖浆。

3.2 香蕉放入料理机中打成泥。

3.3 糖浆煮沸后倒入淡奶油 1 继续加热搅拌。

3.4 锅中再加入黄油和步骤 3.2 的香蕉泥，加热熬煮，煮到水干后取出，冷藏。

3.5 取出冷藏好的香蕉泥，加入香草荚籽和酸奶搅拌均匀，然后加入朗姆酒，搅拌均匀，淡奶油 2 打发好后一起加入搅拌均匀。

4. 组装

/ 工具 /

24.5 厘米 ×33.5 厘米的长方形慕斯圈

/ 配方 /

夹心用的香蕉	4 根
黄油	少量
幼砂糖	少量
打发淡奶油	200 克

/ 制作过程 /

4.1 香蕉切半，锅里加入黄油和幼砂糖，将香蕉煎至表面棕色。

4.2 取出烤好的底座，放置在长方形慕斯圈内，表面涂一层甘纳许，放上煎好的香蕉，再涂上一层甘纳许。

4.3 倒入奶油，抹平，冷冻。

4.4 冷冻好后取出切块，表面挤上打发淡奶油装饰即可。

奶油

香蕉泥酱

煎好的香蕉

甘纳许

甘纳许

香蕉切蛋糕　剖面图

12/ 奶油圆蛋糕

/ 工具 /

萨瓦兰模具　　　　　　　多个

/ 配方 /

黄油	225 克		
糖粉	90 克	蛋黄	4 个
蛋白	4 个	幼砂糖	90 克
低筋面粉	200 克	黑巧克力碎	50 克
烤核桃	50 克		

/ 制作过程 /

1　将黄油、糖粉放入搅拌桶中搅拌，搅碎后停止。

2　分两次加入蛋黄，先用手搅拌，再用机器搅拌。

3　打发蛋白，打好后取少量加入步骤 2 搅拌均匀。

4　加入低筋面粉后继续搅拌，再加入剩余的蛋白霜，搅拌均匀。

5　加入核桃碎、黑巧克力碎，搅拌均匀。

6　挤入萨瓦兰模具中，以上下火 180℃ /140℃ 烤 28 分钟左右。

13/
尼禄

/ 配方 /

60% ~ 65% 黑巧克力	**50 克**		
黄油	**40 克**	35% 淡奶油	**30 克**
蛋黄	**40 克**	幼砂糖 1	**40 克**
蛋白	**80 克**	幼砂糖 2	**81 克**
低筋面粉	**15 克**		
可可粉	**30 克**		

/ 制作过程 /

1 将黄油和黑巧克力一起隔水加热融化。

2 将蛋黄和幼砂糖 1 一起搅拌。

3 将淡奶油倒入融化好的步骤 1 中，搅拌均匀。

4 加入可可粉、低筋面粉搅拌。

5 将幼砂糖 2 加入蛋白中打发。

6 将步骤 2 倒进步骤 4 中。

7 将步骤 5 分 3 次加入步骤 6 中，搅拌均匀成
面糊。

8 装入裱花袋，在烤盘上挤出小圆饼状，以上下
火 180℃ /120℃ 烤 15 分钟。

14/
/柠檬奶油蛋糕

1. 蛋糕体

/ 配方 /

全蛋	150 克	蛋黄	20 克
蜂蜜	10 克	幼砂糖	135 克
低筋面粉	120 克	牛奶	20 克
黄油	20 克	白兰地	5 克

/ 制作过程 /

1.1 将幼砂糖、全蛋和蛋黄一起搅拌，然后加入蜂蜜继续搅拌，小火加热后用打蛋器中速打至发泡。

1.2 加入低筋面粉，搅拌。

1.3 将黄油和牛奶加热，取少量步骤 1.2 混合均匀后再返倒回搅拌均匀。

1.4 加入白兰地搅拌。

1.5 将面糊倒入模具中，放入烤箱，以上下火 180℃ / 140℃ 烤 10 分钟。

2. 饼底

/ 配方 /

糖粉	120 克	杏仁粉	139 克
全蛋	190 克	低筋面粉	36 克
蛋白	120 克	幼砂糖	20 克
黄油	30 克		

/ 制作过程 /

2.1 将全蛋、糖粉、杏仁粉、低筋面粉放入搅拌桶中搅拌。

2.2 黄油融化，冷却。

2.3 打发蛋白，打发中慢慢加入幼砂糖，快速搅拌。

2.4 将打发好的蛋白糖霜加入面糊中搅拌，完全搅拌均匀。

2.5 加入融化的黄油，搅拌均匀。

2.6 倒入烤盘，抹平后放入烤箱，以上下火 180℃ / 140℃ 烤 10 分钟。

3. 柠檬奶油

/ 配方 /

柠檬汁	**75 克**	黄油	**160 克**
全蛋	**100 克**	幼砂糖	**130 克**

/ 制作过程 /

3.1 将黄油融化。

3.2 将柠檬汁、全蛋和幼砂糖一起搅拌。

3.3 将融化的黄油倒入步骤 3.2 中搅拌。

3.4 将搅拌好的奶油倒回锅里稍微加热，然后倒入容器中，用保鲜膜包好后冷藏。

4. 组装

/ 配方 /

开心果碎	**适量**	开心果颗粒	**适量**
马斯卡彭奶酪	**60 克**	镜面果胶	**适量**

/ 制作过程 /

4.1 将马斯卡彭奶酪和柠檬奶油混合搅拌均匀。

4.2 取出烤好的饼底，切成薄片在慕斯圈边缘和底部贴一层。

4.3 将烤好的蛋糕体切成薄层；在底坯中挤一层柠檬奶油，放一层蛋糕，重复此过程，共加入三层奶油和四层蛋糕。

4.4 将适量镜面果胶和柠檬奶油搅拌均匀，抹在蛋糕表面。

4.5 蛋糕体周边抹上一层开心果碎，顶部加上开心果颗粒装饰。

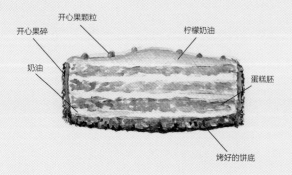

柠檬奶油蛋糕 剖面图

15/
萨赫蛋糕

1. 蛋糕坯

/ 配方 /

黄油	160 克	糖粉	120 克
蛋黄	8 个	蛋白	8 个
幼砂糖	120 克	70% 黑巧克力	180 克
低筋面粉	160 克		

/ 制作过程 /

1.1 将糖粉和黄油混合搅拌均匀。

1.2 分次加入蛋黄，搅拌均匀。

1.3 将黑巧克力加热融化，倒入步骤 1.2 中搅拌均匀。

1.4 低速打发蛋白，慢慢加入幼砂糖后再快速打发。

1.5 将少量步骤 1.4 加入步骤 1.3 中，搅拌均匀。

1.6 加入低筋面粉，搅拌均匀后再加入剩余的步骤 1.4，搅拌均匀。

1.7 在模具底部铺一层油纸，周围抹一层黄油。

1.8 把搅拌好的面糊倒入模具中。

1.9 面糊倒进模具后，先振一下，然后再快速旋转使面糊成倒三角形，以上下火 180℃ /150℃ 烤 20 分钟。

2. 杏子酱

/ 配方 /

杏子	400 克
幼砂糖	400 克

/ 制作过程 /

2.1 杏子切片放进煮锅里，加少量水倒入幼砂糖搅拌，煮沸后捞出表面杏子沫，继续煮沸挥发水分，直至浓稠状。

3. 淋面

/ 配方 /

黑巧克力 **250 克**　　幼砂糖　**300 克**

水　　**200 克**

/ 制作过程 /

3.1　幼砂糖和水加热煮沸。

3.2　加入黑巧克力搅拌煮沸。

3.3　过筛，冷却。

4. 组装

/ 制作过程 /

4.1　将蛋糕坯脱模，表层蛋糕皮切掉，剩下的蛋糕体切半。

4.2　在一片蛋糕的表面涂上加热好的杏子酱，然后将两片蛋糕合上。

4.3　顶部和四周再抹上一层杏子酱。

4.4　将蛋糕放置在烤架上，用黑巧克力淋面，抹匀，冷却。

16/
香草新月小饼干

/ 配方 /

黄油	150 克	低筋面粉	150 克
糖粉	75 克	香草荚	1 根
全蛋	1 个	装饰糖粉	适量
杏仁粉	75 克		
盐	少许		

/ 制作过程 /

1 黄油、糖粉和盐一起搅拌，搅拌中加入香草荚籽，搅拌均匀。

2 用火枪在搅拌桶外稍微加热一下，加入全蛋，搅拌均匀后加入杏仁粉，继续搅拌，然后加入低筋面粉搅拌均匀。

3 挤出弯月造型，以上下火 180℃ /120℃ 烤 20 ~ 25 分钟。

4 出炉后冷却并撒上糖粉。

17/ 芝士棒

/ 配方 /

低筋面粉	250 克
芝士粉	250 克
帕马森干酪	190 克
红椒粉	适量
全蛋	1 个

/ 制作过程 /

1 将芝士粉、低筋面粉混合均匀，加入帕马森干酪，用手掌温度揉碎，和粉类一起混合成面团状，包上保鲜膜后冷冻。

2 面团用开酥机擀薄，切成大块状。

3 表面刷上蛋液。

4 撒上红椒粉。

5 切成小块后入炉以上下火 170℃ /150℃ 烤 20 分钟左右即可。

让－弗朗索瓦·阿诺作品

让－弗朗索瓦·阿诺
Jean－Francois Arnaud
（甜点 MOF）

　　让－弗朗索瓦·阿诺（Jean-Francois Arnaud）来自一个西式糕点厨师世家，常常被誉为"法国最好的西式糕点大厨之一"。阿诺先生在其从业生涯中获奖无数，头衔众多。作为世界级顶尖甜点 MOF 大师，阿诺认为，技术知识以及配方知识是通向成功的关键，但是如果没有爱、没有一颗奉献的心、没有个人的牺牲与投入，艺术的点心就将永远不会成为人们梦寐以求的奢侈品。

01/
歌剧院蛋糕

1. 杏仁海绵蛋糕饼底

/ 配方 /

蛋白	**180 克**	幼砂糖	**130 克**
全蛋	**270 克**	蛋黄	**50 克**
杏仁粉	**200 克**	糖粉	**105 克**
低筋面粉	**60 克**	无盐黄油	**40 克**

小贴士

小框架中的面糊抹平后，取出框架再入炉烘烤。

/ 制作过程 /

1.1 将蛋白和幼砂糖打发（少量分次加入幼砂糖），打至硬性发泡。

1.2 将全蛋和蛋黄混合打发搅拌，倒入步骤 1.1，快速打发 5 秒。

1.3 杏仁粉、糖粉和低筋面粉混合过筛。

1.4 将步骤 1.3 慢慢分次加入步骤 1.2 中，混合均匀。

1.5 将黄油微微加热融化，先加入少许的步骤 1.4，搅拌均匀后反倒回步骤 1.4 中，混合搅拌均匀。

1.6 称取 620 克面糊倒入一整个烤盘（60X40 厘米），剩余的倒在框架中（半个烤盘大小），抹平。放入烤箱，以 190℃烤 9 分钟，表面上色后取出冷却。

2. 咖啡黄油奶油

/ 配方 /

咖啡豆	40 克	全脂牛奶	190 克
蛋黄	90 克	幼砂糖 1	135 克
无盐黄油	300 克	意式蛋白霜	75 克
蛋白	150 克	幼砂糖 2	300 克
水	100 克		

/ 制作过程 /

2.1 将咖啡豆装入裱花袋中，用擀面杖擀碎。

2.2 将咖啡豆碎和全脂牛奶入锅，混合均匀，加热煮沸，焖制 10 分钟。

2.3 将蛋黄和幼砂糖 1 混合搅拌均匀。

2.4 步骤 2.2 煮沸后倒少量到步骤 2.3 中，混合搅拌均匀后反倒回锅中，加热至 85℃，至黏稠。

2.5 将步骤 2.4 过筛至搅拌桶中，用球形头中速打发，使桶内温度降至室温。

2.6 在步骤 2.5 中加入软化的黄油，慢速搅拌至光滑状后倒入一个容器中。

2.7 制作意式蛋白霜：蛋白先慢速打发，将幼砂糖 2 和水煮至 123℃，慢慢冲入打发的蛋白中，快速打发至体积膨胀后，降速，打发降温至室温。

2.8 称取 75 克意式蛋白霜，倒入步骤 2.6 中，用橡皮刮刀搅拌均匀，如果黄油霜稍微凝结，就稍微加热一下，做成咖啡黄油奶油。

3. 甘纳许

/ 配方 /

黑巧克力	180 克	牛奶	120 克
淡奶油	25 克	无盐黄油	50 克

/ 制作过程 /

3.1 将牛奶和淡奶油入锅加热，煮沸后关火。

3.2 加入黄油，用余温使黄油融化，搅拌均匀。

3.3 将黑巧克力倒入量杯中，倒入步骤 3.2，用料理棒搅拌至有光泽。

4. 咖啡糖浆

/ 配方 /

糖浆（水和糖 1:1）	500 克
意式浓缩咖啡	250 克
咖啡精	25 克

/ 制作过程 /

4.1 将水和糖按 1:1 的比例入锅加热，煮沸后称取 500 克糖浆倒入容器中。

4.2 加入意式浓缩咖啡和咖啡精，搅拌均匀后放置一边静置冷却。

5. 淋面

/ 配方 /

棕色巧克力淋酱 **350 克**　　黑巧克力 **160 克**
橄榄油 **75 克**

/ 制作过程 /

5.1 将配方中所有材料混合均匀后，水浴加热至
　　　29 ~ 30℃即可。

6. 组合

/ 制作过程 /

6.1 取适量甘纳许，加热融化后在大理石桌面调温（降
　　　至 26℃），在杏仁海绵蛋糕饼光滑的一面上抹上
　　　薄薄的一层。

6.2 将饼底翻面 (使有巧克力的一面朝下)，用框架量好，
　　　裁去多余的边角，表面刷上 240 克的咖啡糖浆，使
　　　其全部浸入饼底内部。

6.3 将整个烤盘中的饼底也取出，裁出框架大小的 3 个
　　　饼底（歌剧院蛋糕一共需要三层饼底，一层表面刷
　　　有巧克力和 240 克咖啡糖浆，另外两层各刷 120
　　　克咖啡糖浆）。

6.4 称取 320 克咖啡黄油奶油，倒入步骤 6.3 上，表面
　　　用抹刀抹平，上面铺上一块烤好的杏仁海绵蛋糕饼
　　　底，压平后撕去油纸，刷上 120 克的咖啡糖浆，倒
　　　上一层甘纳许，抹平后入急冻。

6.5 取出后再铺一层杏仁海绵蛋糕饼底，压实后撕去油
　　　纸，刷 120 克咖啡糖浆，使糖浆全部浸入到饼底
　　　内部。

6.6 将咖啡黄油奶油稍微加热一下，倒在表面，抹上薄
　　　薄的一层，冷藏半小时。

6.7 用刻刀将框架移除，表面再抹一层咖啡黄油奶油，抹平后冷冻。

6.8 冷冻后取出，放置在铺有油纸的烤盘上，淋面过筛后倒在蛋糕体表面，用抹刀抹平后冷冻，使表面凝结。

6.9 取出后用刀切除四周多余的边角（将刀先用火枪加热），然后切出所需大小的块状，装饰上金箔，将歌剧院蛋糕移至金底板上。

6.10 最后装饰薄巧克力配件和拉糖配件即可。

小贴士

歌剧院蛋糕不能用网架淋面，因为歌剧院蛋糕较软，移动时容易断裂。

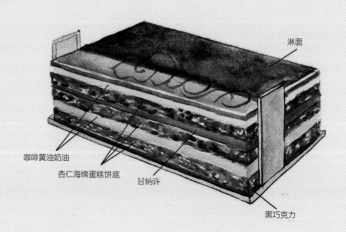

淋面

咖啡黄油奶油

杏仁海绵蛋糕饼底

甘纳许

黑巧克力

歌剧院蛋糕　剖面图

02/
樱桃柠檬蛋糕

1. 樱桃啫喱

/ 配方 /

樱桃果蓉	300 克	幼砂糖	25 克
玉米淀粉	18 克	吉利丁	6 克
水	30 克		

/ 制作过程 /

1.1 将樱桃果蓉和幼砂糖入锅加热。

1.2 将少量的步骤 1.1 倒入玉米淀粉中，混合完全后反倒回锅中，用打蛋器不停地搅拌，煮沸后停火。

1.3 将吉利丁和水混合泡软后倒入步骤 1.2 中，搅拌均匀。

1.4 将樱桃啫喱装入滴壶中，滴入软胶模底部，很薄的一层即可，速冻。

2. 糖粉奶油细末基底

/ 配方 /

杏仁粉	80 克	金黄幼砂糖	80 克
黄油	80 克	低筋面粉	80 克

/ 制作过程 /

2.1 将金黄幼砂糖、杏仁粉、低筋面粉和黄油倒入搅拌桶中，用扇形拍慢速搅拌至面团状。

2.2 取出面团，分割成两块，放在油纸上，撒一些手粉，将面团擀成 1.5 毫米厚，速冻。

2.3 冻硬后取出，用压模压出圆片作为底放入软胶模的底部，放入烤箱，以 160℃烤 15 分钟左右，出炉后冷却。

3. 费南雪

/ 配方 /

全蛋	130 克	蛋黄	50 克
幼砂糖 1	160 克	杏仁粉	220 克
低筋面粉	50 克	香草精	4 克
黄油	110 克	蛋白	80 克
幼砂糖 2	50 克		

/ 制作过程 /

3.1 将黄油入锅，低火加热，将黄油煮至棕黄色（温度为 150℃左右），然后倒入一个小碗中。

3.2 将幼砂糖 1 和杏仁粉、低筋面粉一起倒入盆中，混合搅拌均匀后加入全蛋和蛋黄，搅拌均匀后再加入香草精，混合搅拌均匀。

3.3 将蛋白和幼砂糖 2 打发至湿性发泡（少量分次加入糖）。

3.4 分次将棕色黄油搅拌倒入步骤 3.2 中，搅拌均匀。

3.5 将打好的蛋白霜（步骤 3.3）全部倒入步骤 3.4 中，用橡皮刮刀搅拌均匀，制成费南雪面糊，装入裱花袋备用。

3.6 取出冷却好的糖粉奶油细末基底，挤入费南雪面糊，九分满即可，入烤箱，以 160℃烤 14 分钟。

/ 制作过程 /

4.1 将低筋面粉、泡打粉、盐和幼砂糖混合搅拌，加入切块黄油，搅拌至砂粒状。

4.2 加入蛋黄搅拌，再加入香草荚籽，搅拌成团。

4.3 将面团取出，在油纸上擀成薄皮后冷冻。

4.4 取出面皮，用直径 7 厘米的压模压出饼底，依次摆放在烤盘上，入炉以 150℃烤 18 分钟。

4. 香草油酥基底

/ 配方 /

低筋面粉	400 克	泡打粉	8 克
盐	6 克	黄油	200 克
蛋黄	80 克	幼砂糖	120 克
香草荚	1 根		

5. 青柠生姜慕斯

/ 配方 /

淡奶油	375 克	青柠皮屑	2 克
酸奶	225 克	考维曲白巧克力	300 克
新鲜姜片	15 克	吉利丁	12 克
水	60 克		

/ 制作过程 /

5.1 将淡奶油打发至湿性发泡，加入青柠皮屑，用手拌均匀。

5.2 将考维曲白巧克力隔水融化后，加入酸奶，用手拌均匀（有点像甘纳许的状态）。

5.3 将生姜用刨刀直接在步骤 5.2 上擦屑，手拌均匀。

5.4 将提前泡好水的吉利丁加入步骤 5.3 中，搅拌均匀。

5.5 将步骤 5.1 倒入步骤 5.4 中，搅拌均匀后装入裱花袋备用。

6. 糖水半樱桃

/ 配方 /

水	500 克	幼砂糖	250 克
速冻樱桃	400 克		

/ 制作过程 /

6.1 将水和幼砂糖煮沸后关火。

6.2 向糖浆锅中倒入速冻樱桃，搅拌均匀后浸泡 2 小时以上。

6.3 过滤后放在厨房纸上，将水吸干。

7. 柠檬镜面

/ 配方 /

水	300 克	幼砂糖 1	450 克
柠檬皮屑	2 克	幼砂糖 2	50 克
NH 果胶粉	10 克	葡萄糖浆	175 克
吉利丁	20 克	水	100 克

/ 制作过程 /

7.1 将水和幼砂糖 1 混合倒入锅中，加热，用刨刀先将 1 个柠檬的皮屑擦入锅中，煮成糖浆。

7.2 将幼砂糖 2 和 NH 果胶粉倒入锅中，一边加热一边搅拌，煮至 104℃左右。

7.3 将葡萄糖浆和冷水泡好的吉利丁倒入锅中，再加入另一个柠檬的皮屑，搅拌均匀。

7.4 倒入一个容器中，表面用保鲜膜贴住，放置一边备用。

8. 组合

 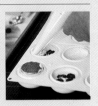

/ 制作过程 /

8.1 取出冻好的樱桃啫喱，在模具中挤入青柠生姜慕斯至五分满，轻轻振一下模具。

8.2 放入吸干水分的糖水半樱桃，铺满一层即可；边缘再挤一圈慕斯，然后放上脱模的费南雪和糖粉奶油细末基底，压平后用勺子刮除多余的慕斯，冷冻。

8.3 脱模后继续冷冻；准备好柠檬镜面，在 50℃ 左右时装入滴壶，淋在蛋糕表面。

8.4 在金底板上用抹刀沾少量的柠檬镜面，放上香草油酥基底，上面放上淋好面的甜点，冷藏。

8.5 最后在表面装饰上巧克力条和樱桃即可。

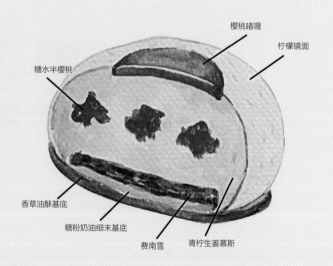

樱桃啫喱

柠檬镜面

糖水半樱桃

香草油酥基底

糖粉奶油细末基底

费南雪

青柠生姜慕斯

樱桃柠檬蛋糕　剖面图

03/ 母亲节水果篮蛋糕

1. 牛奶海绵蛋糕

/ 配方 /

全蛋	330 克	幼砂糖	250 克
葡萄糖浆	40 克	低筋面粉	260 克
黄油	72 克	牛奶	72 克

/ 制作过程 /

1.1 将全蛋、幼砂糖和葡萄糖浆倒入搅拌桶中，中速打发至有纹理状态后转入一个大盆中。

1.2 黄油融化后和牛奶混合乳化。

1.3 在步骤 1.1 中慢慢倒入过筛的低筋面粉，用橡皮刮刀搅拌均匀。

1.4 将少量的步骤 1.3 倒入步骤 1.2 中，搅拌均匀后再倒回大盆中继续拌匀，制成面糊。

1.5 分别称取 500 克的面糊倒入两个烤盘中，用抹刀抹平后入炉，以 170℃烘烤 15 分钟。

2. 橙子奶油

/ 配方 /

牛奶	300 克	蛋黄	80 克
幼砂糖	110 克	玉米淀粉	32 克
吉利丁	8 克	水	40 克
黄油	70 克	奶油奶酪	370 克
淡奶油	370 克	橙子皮屑	2 个

/ 制作过程 /

2.1 将淡奶油入搅拌桶，搅拌至七成打发。

2.2 牛奶入锅加热，用刨刀擦入 2 个橙子皮屑。

2.3 蛋黄和幼砂糖搅拌均匀后加入玉米淀粉，一起搅拌均匀。

2.4 将少量的步骤 2.2 倒入步骤 2.3 中，搅拌均匀后再一起倒回锅中，不停地搅拌，直至煮沸，呈现浓稠状。

2.5 加入黄油，用余温使其融化；再加入事先准备好的吉利丁和水的混合物，搅拌均匀。

2.6 将奶油奶酪切成小块，放入量杯中，将步骤 2.5 也倒入量杯中，用料理棒搅拌均匀至光滑状。

2.7 将步骤 2.1 打发好的淡奶油倒入步骤 2.6 中，搅拌均匀后装入裱花袋备用。

3. 橙子糖浆

/ 配方 /

水	**350 克**	幼砂糖	**250 克**
香草荚	**1 根**	橙子汁	**1 个**

/ 制作过程 /

3.1 将水、幼砂糖、香草荚切半，一起入锅煮沸。

3.2 倒入一个盆中，加入橙子汁，搅拌均匀，冷却。

4. 巧克力配件

35.5% 考维曲牛奶巧克力　　**1000 克**

/ 制作过程 /

4.1 将考维曲牛奶巧克力融化至 45℃ 左右，倒 3/4 在大理石桌面上，用抹刀和巧克力铲刀快速移动巧克力的位置，使巧克力降温至 26℃ 左右。铲回盆中，和剩余的 1/4 巧克力混合均匀，温度为 28 ~ 29℃。

4.2 用热风枪稍微加热一下巧克力，将巧克力倒入透明薄膜纸中（透明薄膜纸从封口处裁去打开），抹平后盖上另一半薄膜纸。

4.3 表面铺一层油纸，用擀面棍稍微擀一下，等 1 ~ 2 分钟后移除油纸。

4.4 铲除边缘多余的巧克力，用滚轮刀压出形状，得到小正方形。用压模压出圆形，冷藏保存。

4.5 将冷却的巧克力用热风枪稍微加热一下，在桌面喷上脱模剂，固定住塑料胶片纸，倒入巧克力，用抹刀抹平。

4.6 巧克力凝固后，用切模压出圆形，外圈再用大一号的圈模压出圆形。

4.7 倒放在铺有油纸的烤盘上。表面再压一个烤盘，冷藏。

4.8 以类似的方式用圆形粗管卷出圆环。

4.9 取出步骤 4.7 后，撕去胶片纸，小心地取出圆环，在锅底稍微加热一下，将两片圆环粘在用圆形粗管卷出的巧克力圆环上，切除多余的小段，成为花篮的篮柄。

5. 组合

草莓	**1000 克**
黄桃、蓝莓、猕猴桃、黑莓	**750 克**
白巧克力	**适量**

/ 制作过程 /

5.1 取适量白巧克力隔水融化，调温至 26℃。

5.2 将牛奶海绵蛋糕放在框架中，在光滑面抹上一层调好温的白巧克力，用抹刀抹平后冷藏。

5.3 称取 150 克的橙子糖浆，刷在另一块牛奶海绵蛋糕表面。

5.4 取出冷藏好的步骤 5.2，放在铺有油纸的烤盘上，撕去表面油纸，放上框架，刷 300 克的橙子糖浆。

5.5 挤入橙子奶油（一条一条地挤），抹平。

5.6 将各种新鲜水果装饰在橙子奶油上面（草莓切半、黄桃切丁、猕猴桃切丁，蓝莓点缀）。

5.7 表面稍稍用抹刀抹平一下，再挤少许橙子奶油，抹平后铺上步骤 5.3 的牛奶海绵蛋糕，按压平整后撕去表面油纸。

5.8 称取 150 克橙子糖浆，刷在海绵蛋糕表面，铺在步骤 5.7 上，然后再抹一层薄薄的橙子奶油，冷冻 1 小时。

5.9 火枪加热框架后脱模，继续冷冻片刻后取出；用锯齿刀沾热水，切除四边，用滚轮刀在表面划出痕印，再用锯齿刀切开四块，分别放在金底板上，表面和四周刷一层柠檬镜面（配方见"樱桃柠檬蛋糕"）。

5.10 蛋糕中间放上提前准备好的巧克力篮柄，再装饰上其他巧克力配件和新鲜水果即可。

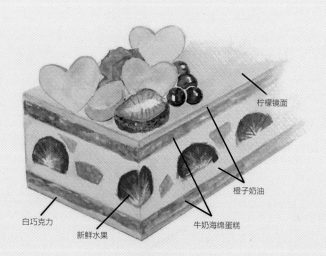

母亲节水果篮蛋糕　剖面图

04/巧克力乳酪蛋糕

1. 巧克力油酥面团

/ 配方 /

黄油	**240 克**	糖粉	**100 克**
杏仁粉	**100 克**	香草精	**5 克**
盐	**5 克**	全蛋	**80 克**
低筋面粉	**350 克**	可可粉	**40 克**
泡打粉	**5 克**		

/ 制作过程 /

1.1 将黄油放入微波炉中软化后，和过筛的糖粉、盐一起倒入搅拌桶中，用扇形拍中速搅拌，加入杏仁粉，搅拌一下后加入全蛋，继续搅拌。

1.2 将低筋面粉、可可粉和泡打粉混合过筛。

1.3 将步骤1.2加入步骤1.1中，搅拌成面团。

1.4 取出面团，放在油纸上，撒一些手粉，擀平擀薄后速冻。

1.5 用滚轮刀切割成小正方形，放入烤箱，以160℃烤18分钟（切割的形状尺寸无所谓，只是为了好烤）。

2. 乳酪蛋糕底

/ 工具 /

6寸慕斯圈模	**3 个**

/ 配方 /

烤好的巧克力油酥面团	**400 克**
黄油	**130 克**
盐之花	**4 克**

/ 制作过程 /

2.1 称取400克烤好的巧克力油酥面团，放入搅拌桶中，用扇形拍中速将其打碎。搅打的过程中加入盐之花，打至碎的细粒状。

2.2 倒入一个大盆中，加入融化的黄油后用橡皮刮刀搅拌均匀。

2.3 称取150克，倒入底部用保鲜膜包好的慕斯圈模中，用勺背压平，做好3个，放入烤箱，以160℃烤10分钟后出炉冷却。

3. 巧克力奶油奶酪

/ 配方 /

奶油奶酪	450 克	幼砂糖	180 克
全蛋	180 克	淡奶油	350 克
玉米淀粉	30 克	考维曲巧克力	200 克

/ 制作过程 /

3.1 将幼砂糖、奶油奶酪和一部分淡奶油倒入粉碎机中粉碎。

3.2 剩余的淡奶油稍微加热一下后再倒入粉碎机中，搅拌至细腻光滑。

3.3 分次加入全蛋，搅拌至常温。

3.4 粉碎机中加入玉米淀粉，用橡皮刮刀稍微搅拌一下后继续搅打。

3.5 巧克力隔水融化后慢慢倒入粉碎机中，搅打至丝滑状后倒入一个盆中，用保鲜膜包好，室温保存。

4. 百香果奶油

/ 配方 /

百香果果蓉	225 克	芒果果蓉	60 克
香蕉果蓉	60 克	全蛋	135 克
蛋黄	100 克	幼砂糖	90 克
吉利丁	5 克	水	25 克
黄油	135 克		

/ 制作过程 /

4.1 将百香果果蓉、芒果果蓉和香蕉果蓉入锅加热，边加热边用打蛋器搅拌，直至煮沸。

4.2 将全蛋、蛋黄和幼砂糖混合搅拌均匀。

4.3 将步骤 4.2 倒入步骤 4.1 中，搅拌均匀后再次加热，不停地搅拌，直至呈浓稠状。

4.4 加入提前泡好水的吉利丁，搅拌均匀。

4.5 倒入量杯中，用保鲜膜包好，室温冷却 35 ~ 40 分钟，使其温度降至 25℃。

4.6 黄油软化后，加入步骤 4.5 中，用料理棒搅拌使其乳化至有光泽。

5. 卡仕达酱汁

/ 配方 /

牛奶	150 克	淡奶油	150 克
蛋黄	80 克	幼砂糖	25 克

/ 制作过程 /

5.1 将牛奶和淡奶油入锅加热，煮沸后离火。

5.2 将蛋黄和幼砂糖搅拌均匀。

5.3 将步骤 5.1 煮沸后倒少量至步骤 5.2 中，搅拌均匀后返倒回锅中，用橡皮刮刀边加热边搅拌，加热到 85℃。

6. 巧克力慕斯

/ 配方 /

卡仕达酱汁	360 克	淡奶油	500 克
考维曲黑巧克力	440 克		

/ 制作过程 /

6.1 将淡奶油打发至湿性发泡。

6.2 将黑巧克力倒入做好的卡仕达酱汁中，用余温使巧克力融化，用料理棒搅拌均匀后倒入大盆中。

6.3 将步骤 6.1 倒入步骤 6.2 中，用橡皮刮刀搅拌均匀后倒入量杯中，称出 360 克备用。

7. 可可淋面

/ 配方 /

水	135 克	淡奶油	250 克
幼砂糖	300 克	转化糖	40 克
葡萄糖浆	125 克	可可粉	95 克
吉利丁	17 克	水	85 克
橄榄油	20 克		

/ 制作过程 /

7.1 将葡萄糖浆稍微加热一下，然后和 135 克水、淡奶油、幼砂糖和转化糖一起入锅，加热至煮沸后离火。

7.2 可可粉过筛后倒入步骤 7.1 中，搅拌均匀后继续加热，边加热边搅拌。

7.3 先将 1/2 的步骤 7.2 倒入量杯中，再倒入橄榄油，用料理棒搅拌一下，再倒入剩余的步骤 7.2，继续用料理棒搅拌均匀。

7.4 加入提前融化的吉利丁和水的混合物，搅拌均匀后用保鲜膜包好，室温保存。

8. 组合

/ 制作过程 /

8.1 准备好 3 个冷却好的乳酪蛋糕底，将巧克力奶油奶酪分别倒入 3 个圈模中（六成满即可），表面用橡皮刮刀抹平，放在烤盘中（烤盘中加水），放入烤箱，以 140℃烤 50 分钟，至水烤干后，取出，冷冻。

8.2 用火枪脱模后，放在烤盘上，表面倒一层百香果奶油（也可以用裱花袋），抹平后急冻。

8.3 将直径 18 厘米的慕斯圈内壁围一圈透明胶片纸，底部用保鲜膜裹紧，倒入巧克力慕斯至一半满，稍微振一下。然后放入冻好的步骤 8.2，压平，边缘的巧克力慕斯用抹刀抹平，冷冻 1 小时。

8.4 用火枪脱模后，继续冷冻一会儿。取出蛋糕体，放在网架上，将 31℃左右的可可淋面淋在表面，表面用抹刀抹平。

8.5 底部用抹刀稍微修平整，将蛋糕转移至金底板上，做好表面装饰即可。

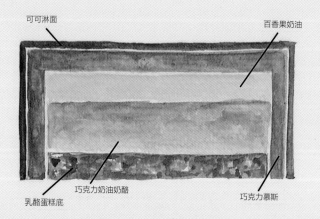

可可淋面　　　　　　　　　　　　　　百香果奶油

巧克力奶油奶酪

乳酪蛋糕底　　　　　　　　　　　　　巧克力慕斯

巧克力乳酪蛋糕　剖面图

05 / 茶壶蛋糕

1. 巧克力酥皮

/ 配方 /

黄油	145 克	金黄幼砂糖	180 克
低筋面粉	130 克	可可粉	50 克

/ 制作过程 /

1.1 将低筋面粉和可可粉混合过筛，倒入搅拌桶中，黄油切小块放入搅拌桶，再加入金黄幼砂糖，用扇形拍慢速搅拌至面团状。

1.2 取出后，操作台上撒一些手粉，在两层油纸中间将面团擀至 1.5 毫米厚，用压模压出圆形，作为泡芙面糊上面的盖子。

2. 泡芙

/ 配方 /

水	250 克	牛奶	250 克
黄油	200 克	盐	8 克
低筋面粉	300 克	全蛋	500 克

/ 制作过程 /

2.1 将水、牛奶、黄油和盐入锅加热至煮沸。

2.2 低筋面粉过筛。

2.3 全蛋打散后过筛至大盆中。

2.4 将步骤 2.1 离火后，倒入过筛的面粉，用橡皮刮刀搅拌均匀后继续加热，使水分蒸发，彻底将面糊烫熟。

2.5 将步骤 2.4 倒入搅拌桶中，用扇形拍慢速搅拌降温，分四次加入全蛋（中途停下来清理一下扇形拍再继续搅拌），一直搅拌至半流体光滑状，面糊捞起下坠成一个三角形，装入裱花袋中（圆形裱花嘴）。

茶壶蛋糕　剖面图

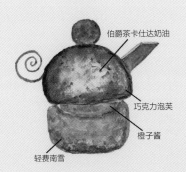

伯爵茶卡仕达奶油

巧克力泡芙

橙子酱

轻费南雪

2.6 将面糊挤入硅胶模具中，大小要均匀，挤完后表面铺一层塑料薄膜，抹平后急冻。

2.7 取出脱模，表面刷上蛋液（另一个全蛋和少许盐混合搅拌），然后放上巧克力酥皮，入烤箱上下火170℃/180℃烤35分钟。

3. 伯爵茶卡仕达奶油

/ 配方 /

牛奶	400 克	淡奶油	100 克
伯爵茶叶	12 克	香草荚	1 根
蛋黄	100 克	幼砂糖	100 克
玉米淀粉	25 克	低筋面粉	30 克
吉利丁	2 克	水	10 克
黄油	50 克		

/ 制作过程 /

3.1 将牛奶和淡奶油混合入锅，香草荚切半，将香草荚籽刮入锅中，一起加热。

3.2 将蛋黄和幼砂糖混合搅拌均匀，加入玉米淀粉和低筋面粉，搅拌均匀。

3.3 将步骤 3.1 煮沸后离火，锅中加入伯爵茶叶，静置 1 分钟。

3.4 将步骤 3.3 过筛至步骤 3.2 中，搅拌均匀后倒入一个锅中，一边煮一边搅拌，直至煮沸呈浓稠状后关火。

3.5 加入黄油和提前泡好水的吉利丁，搅拌均匀。

3.6 将伯爵茶卡仕达奶油倒在保鲜膜上，平铺开来使其冷却，然后将保鲜膜包起，冷藏。

4. 酥饼

/ 配方 /

黄油	60 克	幼砂糖	60 克
低筋面粉	60 克	杏仁粉	60 克
香草精	适量		

/ 制作过程 /

4.1 将所有材料倒入搅拌桶中，搅拌成面团状。

4.2 取出面团，将其擀薄，用压模压出圆形。

4.3 放在模具底部，入烤箱以 160℃ 烘烤 15 分钟。

5. 轻费南雪

/ 配方 /

糖粉	**180 克**	杏仁粉	**70 克**
低筋面粉	**70 克**	泡打粉	**2 克**
盐	**2 克**	蛋白	**200 克**
转化糖	**20 克**	黄油	**100 克**

/ 制作过程 /

5.1 将黄油入锅煮至棕黄色。

5.2 将蛋白和转化糖放入搅拌桶中，用球形头慢速打发至湿性发泡后倒入一个大盆中。

5.3 将糖粉、杏仁粉、低筋面粉、泡打粉和盐混合过筛。

5.4 在步骤 5.2 中慢慢倒入步骤 5.3，用橡皮刮刀搅拌均匀。

5.5 将少量的步骤 5.4 倒入步骤 5.1 中，搅拌均匀后再倒回，搅拌均匀后装入裱花袋，挤在烤好的酥饼上，九分满即可，入炉以 160℃烤 18 分钟。

6. 橙子酱

/ 配方 /

橙子皮屑	**4 个**	幼砂糖	**100 克**
新鲜柠檬汁	**200 克**	NH 果胶	**6 克**
水	**适量**		

/ 制作过程 /

6.1 将橙子皮屑加水煮沸后过筛，然后重新加水将过筛后的橙子皮屑煮沸，此操作一共重复 3 次，直至将橙子皮屑的涩味除去。

6.2 将新鲜柠檬汁倒入橙子皮屑的锅中，NH 果胶粉和幼砂糖混合后也倒入锅中，加热煮沸后放入冰块中降温至凝固。

---

7. 组合

/ 材料 /

橙子	**1 个**
配件	**若干**

/ 制作过程 /

7.1 将轻费南雪的底部削除，用挖球器在中间挖出一个小洞，挤入橙子酱。

7.2 取一个橙子去皮，切小瓣（不要白色的部分），放在厨房纸上吸干水分。

7.3 将两片橙子小瓣装饰在轻费南雪上。

7.4 取出冷冻的伯爵茶卡仕达奶油，倒入搅拌桶中，慢速打发。

7.5 将烤好的泡芙在顶部用竹扦戳一个小孔，将打发好的伯爵茶卡仕达奶油装入带有小圆嘴的裱花袋中，从小孔中挤入奶油后，冷藏。

7.6 装饰上巧克力配件即可。

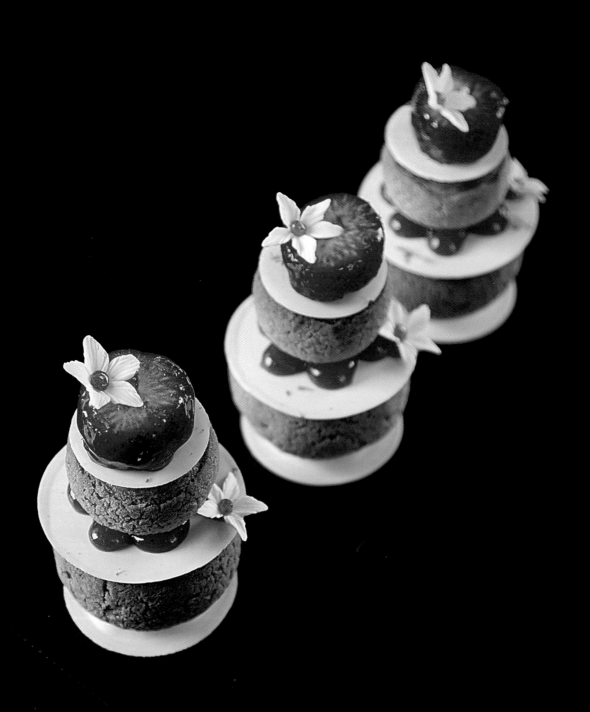

06/ 草莓修女泡芙

1. 泡芙酥皮

/ 配方 /

黄油	**72 克**	金黄幼砂糖	**90 克**
低筋面粉	**90 克**	香草精	**适量**

/ 制作过程 /

1.1 将黄油切小块，和金黄幼砂糖、低筋面粉和香草精一起倒入搅拌桶中，用扇形拍慢速搅拌至面团状。

1.2 取出面团，放在油纸上，撒一些手粉，将面团擀薄，用压模压出合适大小的圆形。

2. 泡芙

/ 配方 /

牛奶	**125 克**	水	**125 克**
盐	**4 克**	黄油	**100 克**
低筋面粉	**150 克**	全蛋	**250 克**

/ 制作过程 /

2.1 将水、牛奶、黄油和盐入锅加热至煮沸。

2.2 将低筋面粉过筛。

2.3 全蛋打散后过筛至大盆中。

2.4 将步骤 2.1 离火后，倒入过筛的面粉，用橡皮刮刀搅拌均匀后继续加热，使水分蒸发，充分把面糊烫熟。

2.5 倒入搅拌桶中，用扇形拍慢速搅拌降温，分四次加入全蛋（中途停下来清理一下扇形拍再继续搅拌），一直搅拌至呈半流体光滑状，挑起面糊向下流动会出现倒三角，装入裱花袋中（圆形裱花嘴）。

2.6 将面糊挤入硅胶模中，大小要均匀，挤完后表面铺一层塑料薄膜，抹平后急冻。做出大小不同的两种泡芙。

2.7 取出脱模，表面刷上蛋液（另取一个全蛋和少许盐混合搅拌），然后放上泡芙酥皮，入烤箱以上下火170℃/180℃烤35分钟。

3. 君度外交官奶油

/ 配方 /

牛奶	1000 克	黄油	100 克
香草荚	1 根	蛋黄	200 克
幼砂糖	150 克	玉米淀粉	80 克
吉利丁	10 克	水	50 克
淡奶油	350 克	君度橙酒	80 克

/ 制作过程 /

3.1 将牛奶倒入锅中，香草荚切开，将籽刮入锅中，加热。

3.2 蛋黄和幼砂糖混合搅拌后加入玉米淀粉，搅拌均匀。

3.3 将少量加热的步骤 3.1 倒入步骤 3.2 中，搅拌均匀后倒回锅中，一边继续加热一边不停搅拌。

3.4 煮沸后离火，倒入提前泡好水的吉利丁中，搅拌均匀后加入黄油，用余温将黄油融化搅拌均匀，最后加入君度橙酒，搅拌均匀后冷却。

3.5 在烤盘上铺上保鲜膜，将做好的步骤 3.4 倒在保鲜膜上，用保鲜膜包好，速冻降温。

3.6 取出后，倒入搅拌桶中，慢速打发。同时将淡奶油打发。

3.7 将步骤 3.6 倒入一个盆中，用橡皮刮刀搅拌，倒入打发好的淡奶油，翻拌均匀。

4. 草莓酱

/ 配方 /

草莓果蓉	250 克	葡萄糖浆	150 克
幼砂糖	50 克	NH 果胶粉	5 克

/ 制作过程 /

4.1 将草莓果蓉和葡萄糖浆入锅加热至沸腾后离火。

4.2 将幼砂糖和 NH 果胶粉混合搅拌均匀。

4.3 将步骤 4.2 倒入步骤 4.1，混合均匀后不停地搅拌，再次加热至煮沸。

4.4 倒在硅胶垫上，用保鲜膜包好后冷藏。

5. 组合

白巧克力 **适量**
新鲜草莓 **750 克**
鲜花 **适量**

/ 制作过程 /

5.1 将草莓酱取出，倒入盆中，用软刮刀搅拌一下，使其更加光滑。

5.2 取适量白巧克力调温。将白巧克力融化后，取 3/4 的量倒在大理石桌面，用巧克力铲刀和抹刀将白巧克力在桌面快速移动，降温至 26℃ 左右，再铲回盆中，和剩余的白巧克力混合搅拌，制作巧克力配件。

5.3 巧克力配件做法：将透明胶片纸的两个面剪开，然后将调好温的白巧克力倒入其中，用抹刀抹平后将另一面透明纸盖上，再盖一层油纸，冷却后揭开。用铲刀铲去多余的边角后，用大小两种压模压出圆片，冷冻。

5.4 依次将泡芙取出，粘在做好的巧克力圆片上，圆面在下，平底在上。

5.5 用刀将平底面掏空。

5.6 将草莓酱装入带有裱花嘴的裱花袋中，对准泡芙中心处挤上一层。将君度外交官奶油装入带有裱花嘴的裱花袋中，在草莓酱的基础上挤入五分满。然后将切好的草莓水果切成小块后放入中心，压紧后再挤一层君度外交官奶油，挤满。

5.7 在表面放一片巧克力圆片。在巧克力圆片上用草莓酱挤出六瓣花。

5.8 将小泡芙取出后，用竹签在平底的一面戳一个小孔，中间挤入君度外交官奶油，放置在步骤 5.7 上。

5.9 取小的巧克力圆片，粘接在小泡芙的平底面上，放入冰箱冷藏保存。

5.10 在顶部装饰上草莓和鲜花即可。

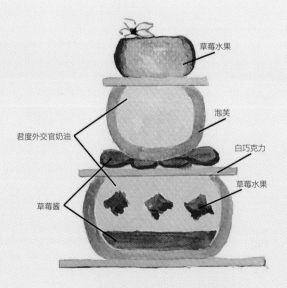

草莓水果
泡芙
君度外交官奶油
白巧克力
草莓水果
草莓酱

草莓修女泡芙 剖面图

07/
/小丑蛋糕

1. 戚风海绵饼底

/ 工具 /

直径 16 厘米慕斯圈	**多个**

/ 配方 /

蛋白	**220 克**	幼砂糖 1	**150 克**
盐	**2 克**	塔塔粉	**2 克**
蛋黄	**150 克**	幼砂糖 2	**100 克**
葵花籽油	**90 克**	水	**60 克**
橙汁	**60 克**	低筋面粉	**150 克**
玉米淀粉	**26 克**	泡打粉	**12 克**

/ 制作过程 /

1.1 将蛋白和幼砂糖 1 倒入打蛋桶中，慢速打发（分次加入幼砂糖），加入盐和塔塔粉，打至湿性发泡。

1.2 将低筋面粉、玉米淀粉和泡打粉混合过筛。

1.3 将幼砂糖 2 和水、橙汁混合搅拌，然后加入葵花籽油，搅拌均匀后加入蛋黄，继续搅拌均匀。

1.4 将步骤 1.2 倒入步骤 1.3 中，先用打蛋球搅拌，然后再用橡皮刮刀搅拌一下。

1.5 将步骤 1.1 全部倒入步骤 1.4 中，用橡皮刮刀顺时针从底部抄起，搅拌均匀，制成面糊。

1.6 分别称取 320 克和 640 克的面糊，倒入铺有油纸的烤盘中（一大一小，共可做三个饼底），抹平后放入平炉中，以上下火 185℃ /150℃ 烤 18 分钟。

1.7 出炉后用直径 16 厘米的圈模压出三个圆形饼底，用手轻轻将光滑一面的皮擦除。

2. 覆盆子奶油

/ 配方 /

树莓果蓉	150 克	幼砂糖 2	30 克
玉米淀粉	18 克	奶油奶酪	375 克
幼砂糖 1	75 克	淡奶油	300 克

/ 制作过程 /

2.1　将奶油奶酪用保鲜膜包好，放入微波炉里加热软化。

2.2　将树莓果蓉和幼砂糖 1 入锅加热。

2.3　将少量加热的步骤 2.2 倒入玉米淀粉中，搅拌后倒回锅中，一边加热一边搅拌，直至煮沸变得浓稠，关火。

2.4　将淡奶油中速打发至湿性发泡。

2.5　将幼砂糖 2 倒入步骤 2.3 中，然后倒入软化的奶油奶酪，再倒入煮好的果蓉，先用料理棒搅拌，然后用橡皮刮刀搅拌一下，最后再用料理棒搅拌。

2.6　将步骤 2.5 倒入一个大盆中，然后倒入打发好的淡奶油，用橡皮刮刀搅拌均匀后装入裱花袋中（中号圆嘴），备用。

3. 香草奶油

/ 配方 /

牛奶	500 克	香草荚	2 根
蛋黄	100 克	幼砂糖	110 克
低筋面粉	30 克	玉米淀粉	25 克
黄油	50 克		

/ 制作过程 /

3.1　将牛奶和香草荚籽入锅，加热。

3.2　将蛋黄和幼砂糖搅拌均匀。

3.3　将低筋面粉和玉米淀粉倒入步骤 3.2 中，搅拌均匀。

3.4　将少量加热的步骤 3.1 倒入步骤 3.3 中，搅拌均匀后一起倒回锅中，继续加热，不断搅拌至煮沸。

3.5　离火后，加入切成小块的黄油，搅拌均匀。

4. 玫瑰香草慕斯

/ 配方 /

香草奶油	**450 克**	奶油奶酪	**400 克**
吉利丁	**8 克**	水	**40 克**
淡奶油	**450 克**	玫瑰精	**4 克**

/ 制作过程 /

4.1 将提前泡好水的吉利丁倒入香草奶油中，搅拌均匀后倒入搅拌桶中。

4.2 加入奶油奶酪，先搅拌一下，然后用球形搅拌头中速打发。

4.3 打发淡奶油，打发好之后加入玫瑰精，用橡皮刮刀搅拌均匀。

4.4 将步骤 4.2 倒入一个大盆，用打蛋器快速搅拌一下，确保奶油奶酪全部搅拌均匀后，再用料理棒搅拌。

4.5 将步骤 4.3 倒入步骤 4.4 中，用橡皮刮刀搅拌均匀。

5. 红色镜面

/ 配方 /

草莓果蓉	**250 克**	树莓果蓉	**250 克**
葡萄糖浆	**250 克**	幼砂糖	**250 克**
NH 果胶粉	**15 克**	玉米淀粉	**10 克**
吉利丁粉	**20 克**	水	**100 克**
红色色素	**适量**	中性镜面果胶	**300 克**

/ 制作过程 /

5.1 将草莓果蓉、树莓果蓉和葡萄糖浆一起入锅加热。

5.2 将少量的步骤 5.1 倒入玉米淀粉中，搅拌均匀后倒回锅中继续加热。

5.3 将幼砂糖和 NH 果胶粉混合均匀后倒入锅中，边倒边搅拌，继续加热至煮沸（此时根据颜色的需要，可以加入适量的红色色素）。

5.4 离火后倒入中性镜面果胶，搅拌均匀，加入提前泡好水的吉利丁，搅拌均匀。

5.5 将步骤 5.4 过筛入一个大盆中，包好保鲜膜，放在冰块上冷却。

6. 组合

/ 工具 /

直径 16 厘米慕斯圈　　　　　　　**1 个**
直径 18 厘米慕斯圈　　　　　　　**1 个**

/ 配方 /

速冻覆盆子　　　　　　　　　　　**200 克**
黑巧克力　　　　　　　　　　　　**适量**
白巧克力　　　　　　　　　　　　**适量**

/ 制作过程 /

6.1　将直径 16 厘米的慕斯圈底部裹好保鲜膜，放在铺有油纸的烤盘上，放入一层戚风海绵饼底，挤一层覆盆子奶油。

6.2　将速冻覆盆子装入裱花袋中，用擀面棍将其敲碎。

6.3　在覆盆子奶油上面铺一层速冻覆盆子碎，然后再铺一层戚风海绵饼底，用手压平后再挤一层覆盆子奶油，再铺一层速冻覆盆子碎，用抹刀将表面抹平，然后铺最后一层戚风海绵蛋糕饼底，速冻。

6.4　称取 420 克玫瑰香草慕斯，倒入底部包有保鲜膜的直径 18 厘米的慕斯圈中。

6.5　放入用火枪脱模后的覆盆子奶油蛋糕，用手稍微压一下，表面再抹一层薄薄的慕斯，放上一层芝麻油酥饼底（配方见"甜蜜天使"），速冻。

6.6　脱模后用刀稍微修一下上边缘，使淋面效果更好。

6.7　将蛋糕体放在网架上，淋上红色镜面（直接倒就可以），用抹刀稍微抹平。

6.8　将做好的蛋糕体转移到金底板上，放入冷藏。

6.9　制作黑巧克力围边装饰：取适量黑巧克力调温。同时分别准备一张 5 厘米宽的油纸和透明胶片纸，长度约为 50 厘米。大理石操作台上喷脱模剂，将透明胶片纸放在上面，固定好后倒入调好温的黑巧克力，刮去边角之后取出胶片纸，盖上油纸，卷在 8 寸慕斯圈上，用胶带粘住，冷藏。

6.10 制作巧克力配件：取适量白巧克力，调温至 26℃，制作出所需形状的巧克力装饰件；小丑是用小丑模具制作而成的。

6.11 将冷藏好的巧克力围边装饰在蛋糕周围一圈，表面装饰如图摆放即可。

红色镜面　　芝麻油酥饼底　　　玫瑰香草慕斯

玫瑰香草慕斯　覆盆子奶油　速冻覆盆子　　戚风海绵饼底

小丑蛋糕　剖面图

08/
甜蜜天使

1. 香草菠萝

/ 配方 /

水	400 克	幼砂糖	150 克
香草荚	2 根	菠萝	750 克

/ 制作过程 /

1.1 将水、幼砂糖和香草荚一起入锅加热，边加热边用打蛋球搅拌。

1.2 菠萝切丁后，倒入锅中，煮沸后将锅口用保鲜膜包住，静置 1 小时以上。

1.3 将菠萝过筛入大盆中，包上保鲜膜，放置一边冷却。

2. 百香果奶油

/ 配方 /

百香果果蓉	300 克	芒果果蓉	80 克
香蕉果蓉	80 克	全蛋	175 克
蛋黄	140 克	幼砂糖	110 克
吉利丁粉	8 克	水	40 克
黄油	175 克		

/ 制作过程 /

2.1 将百香果果蓉、芒果果蓉和香蕉果蓉一起入锅加热。

2.2 将全蛋、蛋黄和幼砂糖混合搅拌均匀。

2.3 将少量的步骤 2.1 倒入步骤 2.2 中，搅拌均匀后倒回锅中，继续加热，一边加热一边搅拌，直至变得浓稠。

2.4 离火后，加入提前泡好水融化的吉利丁，搅拌均匀后倒入一个大盆中，放入冰块中冷却至 35 ~ 40℃。

2.5 黄油软化后倒入步骤 2.4 中，用料理棒搅拌至光亮。

3. 柠檬草青柠白巧克力慕斯

/ 配方 /

牛奶	250 克	淡奶油	275 克
柠檬草	90 克	青柠皮屑	2 个
香草荚	2 根	吉利丁粉	20 克
水	100 克	白巧克力	675 克
淡奶油	675 克		

/ 制作过程 /

3.1 处理柠檬草，切除两头，取里面根部，将其切碎。

3.2 将牛奶、淡奶油和柠檬草碎入锅中，香草荚籽和香草荚一起放入锅中，加热，用刨刀擦入青柠皮屑，加热至煮沸。

3.3 起锅后取出香草荚，将牛奶混合物倒入量杯中，用料理棒搅拌均匀。

3.4 加入提前泡好水融化的吉利丁，搅拌均匀。

3.5 将步骤 3.4 过筛，再加入白巧克力，用料理棒搅拌乳化。

3.6 打发淡奶油，打发好后倒入步骤 3.5 中，用橡皮刮刀搅拌均匀。

4. 芝麻油酥饼底

/ 配方 /

黄油（冷的）	340 克	糖粉	130 克
杏仁粉	130 克	低筋面粉	70 克
黄油薄脆片	80 克	烤芝麻	120 克

/ 制作过程 /

4.1 黄油切小块后放入搅拌桶中，面粉过筛后也放入搅拌桶中，同时倒入糖粉和杏仁粉，用扇形拍先慢速搅拌，再中速搅拌。

4.2 搅拌至呈面碎状后加入黄油薄脆片和烤芝麻，继续搅拌均匀。

4.3 在桌面上撒一些手粉，将步骤 4.2 倒出，用手搓成圆柱状，切成 6 小段，擀至 3 毫米厚，用直径 18 厘米的圈模压出圆形，用巧克力铲刀铲入铺有硅胶垫的烤盘中，再用圈模稍微整一下形，放入烤箱，以 155℃烘烤 20 分钟。

5. 热那亚饼底

/ 配方 /

杏仁膏	360 克	全蛋	350 克
低筋面粉	70 克	泡打粉	5 克
黄油	110 克	蛋白	150 克
幼砂糖	50 克		

/ 制作过程 /

5.1 将杏仁膏放入微波炉中稍微软化，切成小块，和一半的全蛋一起倒入量杯中，用料理棒搅碎后再倒入另一半的全蛋，搅拌均匀。

5.2 将步骤 5.1 倒入搅拌桶中，用球形头中速打发至湿性绸带状。

5.3 将蛋白倒入另一搅拌桶中慢速打发，分次加入幼砂糖，打发至湿性发泡。

5.4 将黄油加热融化。

5.5 将步骤 5.2 倒入一个大盆中，倒入过筛的低筋面粉和泡打粉，用橡皮刮刀搅拌均匀。

5.6 将少量的步骤 5.5 倒入步骤 5.4 中，搅拌均匀后倒回步骤 5.5 中，搅拌均匀。

5.7 将步骤 5.3 倒入步骤 5.6 中，搅拌均匀。

5.8 将步骤 5.7 倒入黑色硅胶模（硅胶模是烤盘大小，每个圆形的直径为 17 厘米）中，放入烤箱，以180℃烤 10 分钟。

6. 百香果淋面

/ 配方 /

淡奶油	300 克	百香果果蓉	300 克
幼砂糖	750 克	葡萄糖浆	300 克
牛奶	300 克	玉米淀粉	70 克
吉利丁	24 克	水	120 克
黄色色素	适量		

/ 制作过程 /

6.1 将淡奶油、百香果果蓉、幼砂糖和葡萄糖浆一起入锅加热。

6.2 将牛奶和玉米淀粉混合均匀。

6.3 将步骤 6.2 慢慢倒入步骤 6.1 中，不断搅拌，可加入少量黄色色素，继续加热至煮沸。离火后，加入提前泡好水融化的吉利丁，搅拌均匀后放入冰块中降温。使用之前隔水加热一下，使其变成流体状（只能用橡皮刮刀搅拌，不能用打蛋器）。

7. 组合

金粉	**适量**
装饰水果	**适量**

/ 制作过程 /

7.1 称取 225 克百香果奶油倒入模具中，表面铺一层香草菠萝，然后铺上烤好的热那亚饼底，急冻后用抹刀小心地从四周脱模，用刀裁去边角后速冻。

7.2 称取 250 克柠檬草青柠白巧克力慕斯，倒入透明模具中，转动一下透明模具，使边缘都能沾上慕斯，然后放上步骤 7.1，再称取 120 克柠檬草青柠巧克力慕斯倒在上面，抹匀后放上芝麻油酥饼底，用手轻轻按压一下，冷冻。

7.3 取出后用冷水浸一下，脱模，淋上过筛的百香果淋面，用抹刀轻轻将底部修圆，然后转移至金底板上，冷藏。

7.4 制作巧克力配件（以黑巧克力为例）：首先在油纸上划出天使翅膀的形体走向图，在表面再盖一层油纸制作翅膀；将调好温的巧克力用水果尖刀蘸巧克力后压出叶片形状，放在烤盘的边缘处，使其自然翘起一个弧度，放置一边晾干，冷藏。

7.5 将做好的巧克力天使翅膀装饰在甜点的表面，再装饰上水果，刷上金粉装饰即可。

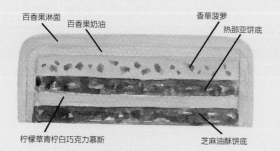

百香果淋面　百香果奶油　　　香草菠萝　热那亚饼底

柠檬草青柠白巧克力慕斯　　芝麻油酥饼底

甜蜜天使　剖面图

09/
草莓绿茶马卡龙

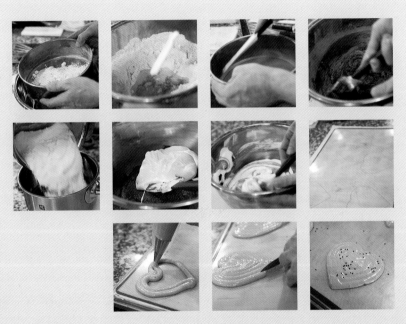

1. 绿茶马卡龙

/ 配方 /

杏仁粉	250 克	糖粉	250 克
绿茶粉	15 克	蛋白 1	95 克
水	80 克	幼砂糖	300
蛋白 2	95 克		

/ 制作过程 /

1.1 将杏仁粉和糖粉放入粉碎机中粉碎得更细，过筛至一个大盆中。

1.2 加入蛋白 1，用橡皮刮刀搅拌均匀。

1.3 将绿茶粉过筛至步骤 1.2 中，搅拌均匀，呈现膏状。

1.4 将水和幼砂糖入锅加热至 116℃。

1.5 将蛋白 2 打发至湿性发泡，然后将步骤 1.4 慢慢冲入其中，中速打发。

1.6 分次将步骤 1.5 倒入步骤 1.3 中，用橡皮刮刀搅拌均匀后，再用刮板沿着盆半圈半圈地刮。

1.7 取一张纸，在纸上画出爱心的形状，上面铺上硅胶垫，确保硅胶垫可以印出底下爱心的形状。

1.8 将步骤 1.6 装入裱花袋（花嘴直径 10 毫米），沿着画好的爱心从外圈向内圈一圈一圈地将整个爱心挤满，边缘处可以用刻刀稍微修整一下（如果不平整的话），静置 0.5 小时后抽去底部的纸。在表面撒上黑芝麻，放入烤箱，以 140℃烤 22 分钟（烤至 11 分钟时将烤盘掉个头）。

2. 杏仁海绵蛋糕

/ 配方 /

蛋白	70 克	幼砂糖	45 克
全蛋	90 克	杏仁粉	70 克
糖粉	40 克	低筋面粉	40 克

/ 制作过程 /

2.1 将蛋白倒入搅拌桶中慢速打发，分次加入幼砂糖，打至湿性发泡。

2.2 将杏仁粉、糖粉和低筋面粉混合过筛。

2.3 将全蛋倒入步骤 2.1 中，稍微打一下至全蛋混合均匀后即可取出，将步骤 2.2 倒入其中，用橡皮刮刀搅拌均匀。

2.4 倒在硅胶垫上（半个烤盘大小），抹平后放入烤箱，以 170℃烤 9 分钟。

3. 酸奶慕斯

/ 配方 /

奶油奶酪	200 克	酸奶	150 克
幼砂糖	100 克	柠檬皮屑和柠檬汁	1 个
吉利丁粉	8 克	水	40 克
淡奶油	255 克		

/ 制作过程 /

3.1 将柠檬皮屑擦入幼砂糖中，和酸奶一起倒入锅中加热，边加热边搅拌，加热至幼砂糖融化即可停火。

3.2 将步骤 3.1 倒入量杯中，加入切成小块的奶油奶酪，用料理棒搅拌，使其乳化。

3.3 将步骤 3.2 倒入一个大盆中，加入提前泡过水融化的吉利丁，用橡皮刮刀搅拌均匀后冷却至 40 ~ 45℃。

3.4 将淡奶油打发好，倒入步骤 3.3 中，用软刮刀搅拌均匀后装入裱花袋中，备用。

4. 覆盆子酱

/ 配方 /

速冻覆盆子　**200 克**　　幼砂糖　**70 克**
NH 果胶粉　**3 克**

/ 制作过程 /

4.1　将速冻覆盆子倒入锅中加热。

4.2　将幼砂糖和 NH 果胶粉混合均匀。

4.3　将步骤 4.2 倒入步骤 4.1 中，一边加热一边搅拌，
　　直至煮沸。

4.4　煮沸后倒入一个小盆中，用保鲜膜包好，备用。

5. 草莓糖浆

/ 配方 /

糖浆（糖和水 1:1）**300 克**
草莓果蓉　　　　　**100 克**

/ 制作过程 /

5.1　将糖浆和草莓果蓉加热煮沸，然后倒入一个盆中
　　冷却。

6. 组合

新鲜草莓、树莓　　**1000 克**
防潮糖粉　　　　　**少量**

/ 制作过程 /

6.1　在冷却好的心形绿茶马卡龙上抹一层薄薄的覆盆子酱。

6.2　将烤好的杏仁海绵蛋糕准备好，用比心形马卡龙小
　　的心形模具压出爱心的形状，然后放入草莓糖浆中，
　　使海绵蛋糕彻底浸透糖浆后取出，放在步骤 6.1 的
　　中心处。

6.3　用刀将新鲜的草莓去头去尾，依次摆放在心形杏仁
　　海绵蛋糕的周围。

6.4　将酸奶慕斯挤在心形海绵蛋糕的顶部以及边缘草莓
　　与草莓之间的空隙中。

6.5　另取一个心形马卡龙覆盖在步骤 6.4 的顶部。

6.6　将新鲜水果（草莓和树莓）刷上镜面果胶，分别摆
　　放在马卡龙顶部的中心位置作为装饰，撒上一些防
　　潮糖粉即可。

草莓绿茶马卡龙　剖面图

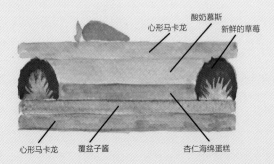

心形马卡龙
酸奶慕斯
新鲜的草莓

心形马卡龙　　覆盆子酱　　　杏仁海绵蛋糕

10/
翡翠之心

1. 草莓啫喱酱汁

/ 配方 /

草莓果蓉 **100 克**	幼砂糖 **200 克**
速冻草莓 **500 克**	青柠汁 **25 克**
玉米淀粉 **30 克**	

/ 制作过程 /

1.1 将草莓果蓉和幼砂糖入锅，加热至 125℃ 。

1.2 倒入速冻草莓，继续加热，再加入青柠汁，继续搅拌加热。

1.3 将玉米淀粉稍微加一点水搅拌均匀，然后倒入锅中，继续一边加热一边搅拌，直至最后锅中剩余少量草莓颗粒。

2. 草莓慕斯

/ 配方 /

草莓果蓉 **150 克**	香蕉果蓉 **70 克**
幼砂糖 **20 克**	吉利丁粉 **8 克**
水 **40 克**	淡奶油 **200 克**
橙子皮屑 **半个**	

/ 制作过程 /

2.1 将淡奶油倒入搅拌桶中，中速打发至中性发泡。

2.2 将草莓果蓉、香蕉果蓉和幼砂糖入锅加热，擦入橙子皮屑，用橡皮刮刀搅拌，加热至幼砂糖融化即可离火。

2.3 倒入提前泡过水融化的吉利丁，搅拌均匀。

2.4 称取 200 克打发好的淡奶油倒入步骤 2.3 中，用橡皮刮刀搅拌均匀后装入裱花袋备用。

3. 慕斯琳奶油

/ 配方 /

牛奶	**450 克**	蛋黄	**110 克**
幼砂糖	**160 克**	水	**10 克**
玉米淀粉	**40 克**	黄油	**230 克**
君度酒	**50 克**		

/ 制作过程 /

3.1 将牛奶和 1/2 的幼砂糖倒入锅中加热。

3.2 将蛋黄和剩余的幼砂糖混合搅拌均匀，加入玉米淀粉，搅拌均匀。

3.3 将步骤 3.2 分两次加入到步骤 3.1 中，搅拌均匀后先加入 30% 的黄油，搅拌均匀后倒在铺有保鲜膜的烤盘中，用保鲜膜包好，密封冷却; 冷却至 50℃时，将剩余 70% 的黄油加入其中，一起倒入搅拌机中，混合搅拌至光滑细腻。

3.4 低火将君度酒加热至温热，倒入步骤 3.3 中，用扇形拍搅拌均匀，装入裱花袋备用。

4. 烤杏仁面碎

/ 配方 /

黄油	**100 克**	杏仁粉	**100 克**
低筋面粉	**100 克**	金黄幼砂糖	**100 克**

/ 制作过程 /

4.1 将所有材料一起混合倒入搅拌桶中，慢速搅拌至呈面碎状。

4.2 将烤盘铺上油纸，将面碎铺在上面，放入烤箱，以 150℃烤 15 分钟。

5. 脆香巧克力面碎

/ 配方 /

烤杏仁面碎	**400 克**	杏仁酱	**120 克**
考维曲牛奶巧克力	**90 克**		

/ 制作过程 /

5.1 将烤杏仁面碎倒入搅拌桶中，加入杏仁酱，慢速搅拌，然后加入融化好的考维曲牛奶巧克力，用手将其搅拌均匀。

5.2 搅拌至颗粒状后取出，倒入铺有硅胶垫的烤盘上，压平压实后冷冻。

6. 绿茶淋面

/ 配方 /

水	**300 克**	幼砂糖 1	**450 克**
青柠皮屑	**1 个**	幼砂糖 2	**50 克**
NH 果胶粉	**10 克**	葡萄糖浆	**175 克**
吉利丁粉	**18 克**	水	**90 克**
绿茶粉	**6 克**	金粉	**适量**
白色色素	**适量**		

/ 制作过程 /

6.1 将水、幼砂糖 1、青柠皮屑入锅加热至煮沸。

6.2 将葡萄糖浆、幼砂糖 2 和果胶粉混合后倒入锅中加热。

6.3 加入过筛的绿茶粉和提前泡过水融化好的吉利丁混合物，搅拌均匀。

6.4 取出 10% 的量，加入金粉调制一碗备用。另取 10% 的量加入白色色素调一碗备用。

7. 杏仁海绵蛋糕

/ 配方 /

蛋白	**70 克**	幼砂糖	**45 克**
全蛋	**90 克**	杏仁粉	**70 克**
糖粉	**40 克**	低筋面粉	**40 克**

/ 制作过程 /

7.1 将蛋白倒入搅拌桶中慢速打发，分次加入幼砂糖，打至湿性发泡。

7.2 将杏仁粉、糖粉和低筋面粉混合过筛。

7.3 将全蛋倒入步骤 7.1 中，稍微搅打一下至全蛋混合均匀后，即可取出，将步骤 7.2 倒入其中，用橡皮刮刀搅拌均匀。

7.4 倒在硅胶垫上（半个烤盘大小），放入烤箱，以 170℃烤 9 分钟。

8. 组合

/ 制作过程 /

8.1 准备两个心形软胶模（大号：13.5 厘米 × 13 厘米；小号：11.5 厘米 × 11 厘米）；再准备小号心形软模和再小一号的心形压模。

8.2 将杏仁海绵蛋糕用小号心形压模压出心形饼底。

8.3 用勺子取出草莓啫喱酱汁，放入小号心形软胶模中心，用勺子抹平。

8.4 将杏仁海绵蛋糕蘸上草莓糖浆（配方见"草莓绿茶马卡龙"）后放在步骤 8.3 的中心处，冷冻。

8.5 将草莓慕斯挤在步骤 8.4 中，大约 1 厘米厚的一层。

8.6 再次将压好的心形杏仁海绵蛋糕蘸上草莓糖浆后放在步骤 8.5 的中心处，用手压紧后放入急冻。

8.7 取出冻好的脆香巧克力面碎，用小号心形压模压出心形饼底。

8.8 将慕斯琳奶油挤在大号心形软胶模中心，用勺背抹开至整个心形都沾满奶油。

8.9 将步骤 8.6 脱模后放入步骤 8.8 中，压紧后再挤一层慕斯琳奶油至八分满（中间凹）。

8.10 将步骤 8.7 放在步骤 8.9 的中心处，表面再挤一层慕斯，用抹刀抹平后放入急冻。

8.11 取出后摆放在网架上，淋上调好的绿茶淋面，最后做好装饰即可。

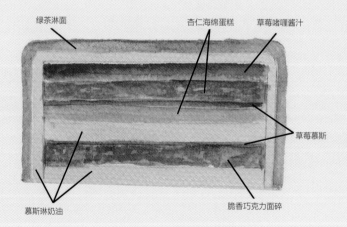

绿茶淋面　　杏仁海绵蛋糕　　草莓啫喱酱汁　　草莓慕斯　　慕斯琳奶油　　脆香巧克力面碎

翡翠之心　剖面图

11/
乳酪千层蛋糕

1. 千层酥

/ 配方 /

中筋面粉	1000 克	盐	25 克
黄油	300 克	冷水	400 克
醋	50 克	片状黄油	500 克

/ 制作过程 /

1.1 将中筋面粉、盐和黄油（切小块）混合均匀后一起倒入搅拌桶中，慢速搅打至看不见黄油（还是面粉状）。

1.2 分次慢慢加入冷水和醋，慢速搅拌至混合面团状即可。

1.3 取出面团，放在操作台上，分成两个面团，整形后分别在面团表面开十字口，然后用保鲜膜包好，冷藏 2 小时让面团松弛。

1.4 片状黄油用擀面棍敲打，使其薄厚软硬均匀，冷藏2 小时。

1.5 片状黄油从冷藏中取出后，继续用擀面棍敲打，然后将面团擀成长方形，放入片状黄油，用面皮将黄油包住。

1.6 放入开酥机中，开成四倍长度后，对折成四层，继续开酥，再对折成四层，用保鲜膜包好，冷藏松弛2 小时，取出后再开一次四层，将酥皮开至 2 毫米厚度。

1.7 在烤盘上喷上脱模剂，铺上一层油纸，放上千层酥皮，用滚轮针压出小孔，放入烤箱，以 180℃ 烤50 分钟。烤至 25 分钟的时候取出，另取一个烤盘底将表面压平，翻个面，表面撒上糖粉继续烤，烤至糖粉焦糖化即可。

小贴士

1 由于不要面团产生筋度，所以最后加入水，这样对筋度的影响不大。

2 千万不能用手揉捏片状黄油，因为手温会使其融化。

2. 树莓啫喱

/ 配方 /

整颗速冻树莓	**400 克**	幼砂糖	**240 克**
NH 果胶粉	**7 克**		

/ 制作过程 /

2.1 将整颗速冻树莓入锅加热。

2.2 幼砂糖和果胶粉混匀后倒入步骤 2.1 中，边倒边搅拌，煮沸即可。

2.3 放入冰块中降温。

3. 香草海绵蛋糕饼底

/ 配方 /

全蛋	**300 克**	蛋黄	**120 克**
幼砂糖	**270 克**	香草精	**5 克**
低筋面粉	**180 克**	玉米淀粉	**70 克**
黄油	**100 克**		

/ 制作过程 /

3.1 将全蛋、蛋黄、香草精和幼砂糖倒入搅拌桶中，用球形头打发至丝绸状。

3.2 将低筋面粉和玉米淀粉过筛。

3.3 将黄油加热软化。

3.4 将步骤 3.2 倒入步骤 3.1 中，用橡皮刮刀搅拌均匀。

3.5 取少量的步骤 3.4 倒入步骤 3.3 中，搅拌均匀后倒回步骤 3.4，用橡皮刮刀搅拌均匀。

3.6 倒入硅胶垫上，抹平后放入烤箱，以 180℃烤 12 分钟。

3.7 出炉后脱模，用保鲜膜包好。

4. 香草糖浆

/ 配方 /

水	**300 克**	幼砂糖	**300 克**
香草精	**适量**		

/ 制作过程 /

4.1 将水、幼砂糖和香草精混合煮沸即可。

5. 柠檬奶油奶酪慕斯

/ 配方 /

奶油奶酪	**400 克**	淡奶油 1	**170 克**
柠檬皮屑	**1 个**	香草荚	**1 根**
幼砂糖	**170 克**	水 1	**60 克**
蛋黄	**100 克**	吉利丁	**10 克**
水 2	**50 克**	淡奶油 2	**350 克**

/ 制作过程 /

5.1 将淡奶油 1 入锅，刮入香草荚籽，擦入柠檬皮屑，加热。

5.2 将步骤 5.1 和奶油奶酪放入粉碎机粉碎。

5.3 将幼砂糖和水 1 入锅，加热至 115℃。

5.4 将蛋黄放入搅拌桶中，快速打发。

5.5 将步骤 5.3 慢慢冲入步骤 5.4 中，继续打发，至流体呈绸带状。

5.6 将淡奶油 2 打发，打发好后倒入步骤 5.2 中，加入提前泡好水 2 的吉利丁，搅拌均匀。

5.7 将步骤 5.5 倒入步骤 5.6 中，用橡皮刮刀搅拌均匀。

6. 组合

青苹果	**150 克**	菠萝	**150 克**
猕猴桃	**150 克**	芒果	**150 克**
草莓	**150 克**	心形巧克力配件	**6 个**
防潮糖粉	**少量**	玫瑰花瓣	**适量**

/ 制作过程 /

6.1 取出烤好的千层酥，放上长方形不锈钢慕斯框架，把多余的边修掉，将降温后的树莓啫喱倒入框架中，抹平。

6.2 取出另一块千层酥放入其上，抹平。

6.3 将一半的柠檬奶油奶酪慕斯倒在步骤 6.2 中，约七分满，用抹刀抹平。

6.4 用刀将各种新鲜水果切丁，在步骤 6.3 上铺满一层。

6.5 在步骤 6.4 表面倒入少量柠檬奶油奶酪慕斯，用抹刀抹平。

6.6 在香草海绵蛋糕饼底的表面刷上香草糖浆，将带糖浆的一面盖在步骤 6.5 上，压平后取出油纸，再刷一层香草糖浆。

6.7 在步骤 6.6 上抹一层柠檬奶油奶酪慕斯，抹平后急冻。

6.8 定型后取出，用火枪脱模，用锯齿刀沾热水后将四个边角切除，用尺子量好尺寸后，切出大小相等的 6 块正方形蛋糕。

6.9　用柠檬奶油奶酪慕斯在甜点的五个表面涂抹一层。

6.10　将事先做好的心形巧克力配件放在甜点中心位置，再将剩余的千层酥切成小块，粘贴在甜点边缘，留出心形内部位置。

6.11　千层酥边缘撒上防潮糖粉。

6.12　在心形巧克力配件中心挤上树莓啫喱，将新鲜玫瑰花瓣摆放在心形中间作为装饰。

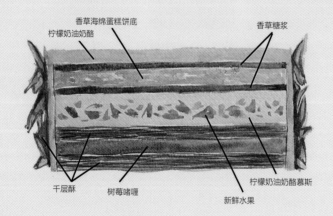

香草海绵蛋糕饼底

柠檬奶油奶酪

香草糖浆

千层酥　　树莓啫喱

新鲜水果

柠檬奶油奶酪慕斯

乳酪千层蛋糕　剖面图

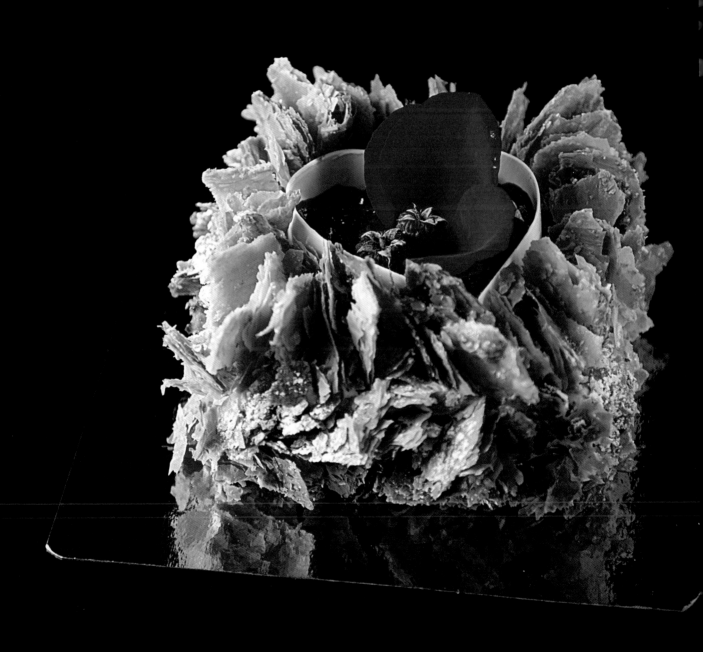

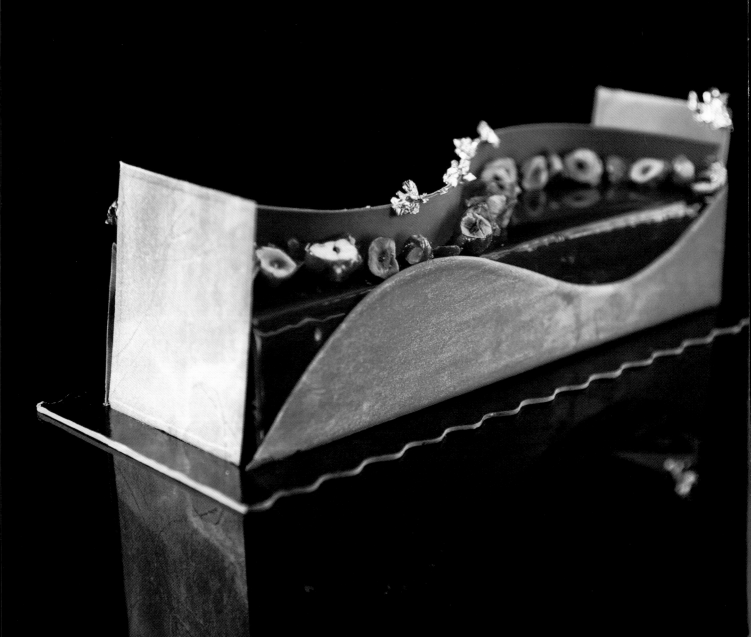

12/巧克力木柴蛋糕

1. 巧克力面碎

/ 配方 /

黄油（冷）	100 克	金黄幼砂糖	100 克
杏仁粉	100 克	低筋面粉	75 克
可可粉	15 克	盐	2 克

/ 制作过程 /

1.1 将低筋面粉和可可粉混合过筛。

1.2 将冷黄油切成小块状。

1.3 将切好的小块冷黄油、金黄幼砂糖和粉类倒入搅拌桶中，用扇形拍慢速搅拌至呈面碎状，铺在铺有油纸的烤盘上，放入烤箱，以 150℃ 烤 15 分钟至完全烤好，出炉冷却。

2. 面碎基底

/ 配方 /

考维曲黑巧克力	100 克	黄油	40 克
杏仁酱	200 克	巧克力面碎	400 克
盐	3 克		

/ 制作过程 /

2.1 将考维曲黑巧克力隔水融化，加入黄油，搅拌至黄油融化。

2.2 称取巧克力面碎，然后加入杏仁酱和盐，搅拌均匀。

2.3 将步骤 2.1 倒入步骤 2.2 中，用橡皮刮刀搅拌均匀。

2.4 倒入硅胶垫中，用抹刀抹平后冷冻。

3. 无面粉巧克力海绵蛋糕饼底

/ 配方 /

蛋白	**235 克**	幼砂糖	**240 克**
蛋黄	**160 克**	可可粉	**75 克**

/ 制作过程 /

3.1 打发蛋白，分次加入幼砂糖，打发至干性发泡。

3.2 加入蛋黄，慢速搅拌均匀即可取出。

3.3 加入过筛的可可粉，用橡皮刮刀搅拌均匀，然后用刮刀刮入铺有油纸的烤盘上，抹平后，放入烤箱，以 190℃烤 11 分钟。

4. 巧克力奶油

/ 配方 /

牛奶	**225 克**	淡奶油	**225 克**
咖啡豆碎	**30 克**	蛋黄	**90 克**
幼砂糖	**60 克**	64% 考维曲黑巧克力	**270 克**

/ 制作过程 /

4.1 将牛奶、淡奶油和咖啡豆碎入锅加热煮沸。

4.2 将蛋黄和幼砂糖混合搅拌均匀。

4.3 将步骤 4.1 倒少量至步骤 4.2 中，搅拌均匀后倒回锅中，继续加热到 85℃，至黏稠状态。

4.4 将步骤 4.3 过筛至一个大盆中。

4.5 将考维曲黑巧克力倒入量杯中，步骤 4.4 也倒入量杯中，用料理棒搅拌使其乳化。

5. 巧克力慕斯

/ 配方 /

牛奶	**125 克**	淡奶油 1	**125 克**
香草荚	**1 根**	蛋黄	**50 克**
幼砂糖	**50 克**	卡仕达酱汁	**300 克**
56% 考维曲黑巧克力	**380 克**	淡奶油 2	**450 克**

/ 制作过程 /

5.1 将牛奶、香草荚和淡奶油 1 入锅加热。

5.2 将蛋黄和幼砂糖混合搅拌均匀。

5.3 将少量步骤 5.1 倒入步骤 5.2 中，搅拌均匀后再倒回步骤 5.1 中，低火加热至 85℃。

5.4 将考维曲黑巧克力倒入量杯中，将步骤 5.3 也倒入量杯中，用料理棒搅拌至有光泽。

5.5 将淡奶油 2 打发。

5.6 将打发好的淡奶油和步骤 5.4 充分混合搅拌。

6. 巧克力淋面

/ 配方 /

水 1	**150 克**	幼砂糖	**300 克**
葡萄糖浆	**300 克**	炼乳	**200 克**
吉利丁	**20 克**	水 2	**100 克**
考维曲黑巧克力	**300 克**		

/ 制作过程 /

6.1 将葡萄糖浆先微微加热融化，然后和水 1、幼砂糖一起入锅加热至沸腾。

6.2 在步骤 6.1 中加入提前用水 2 泡好融化的吉利丁。

6.3 在步骤 6.2 中先倒入 1/2 的考维曲黑巧克力，用料理棒搅打均匀后再倒入剩余的黑巧克力，料理棒搅打好后用保鲜膜包好。

7. 焦糖榛子

/ 配方 /

水	**100 克**	幼砂糖	**300 克**
香草荚	**半根**	榛子	**300 克**

/ 制作过程 /

7.1 将水和幼砂糖入锅加热至 118℃。

7.2 锅中加入香草荚和榛子，继续加热至焦糖状，然后用保鲜膜密封保存。

8. 组合

巧克力配件	**适量**
金箔	**适量**

/ 制作过程 /

8.1 将无面粉巧克力海绵蛋糕饼底取出，放置在长方形慕斯框架（底部用保鲜膜包紧，铺满半个烤盘的大小）中，然后倒入所有的巧克力奶油，用抹刀抹平后，再盖一层无面粉巧克力海绵蛋糕饼底，速冻。

8.2 将巧克力慕斯倒入事先准备好的慕斯框架中，抹平后取出步骤 8.1，脱模，放入慕斯框架中，压平。

8.3 再次抹一层巧克力慕斯后取出面碎基底，压平后用保鲜膜密封，急冻。

8.4 取出后翻面（面碎基底的一面在下，巧克力慕斯的一面在上），用火枪加热切刀后，用滚轮刀量好尺寸后切出相等大小的长条块。

8.5 准备长条切块甜点大小的油纸，将长条甜点依次摆放在油纸上，将抹刀用开水加热，然后将甜点直角处抹圆，形成一个弧边，方便淋面时增加光泽和反光度，冷冻。

8.6 取出后依次放置在网架上，将量杯中的巧克力淋面倒在长条甜点上，用抹刀在表面稍微抹平后让其自然流淌，去掉边角之后依次转移到铺有油纸的烤盘中，冷藏。取出后装饰上焦糖榛子和巧克力配件，最后点缀上金箔。

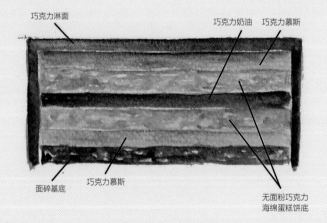

巧克力淋面

巧克力奶油　巧克力慕斯

面碎基底　　巧克力慕斯

无面粉巧克力
海绵蛋糕饼底

巧克力木柴蛋糕　剖面图

13/
巧克力开心果蛋糕

1. 巧克力达克瓦兹蛋糕面糊

/ 配方 /

杏仁粉	400 克	糖粉	100 克
可可粉	50 克	蛋白	400 克
幼砂糖	300 克		

/ 制作过程 /

1.1 将蛋白放入搅拌桶中慢速打发，分次加入幼砂糖，先慢速后快速打发至中性发泡，倒入一个大盆中。

1.2 将杏仁粉、糖粉和可可粉混合过筛。

1.3 将步骤 1.2 倒入步骤 1.1 中，边倒边用橡皮刮刀搅拌，搅拌均匀后装入带有圆形花嘴的裱花袋中。

2. 开心果奶油

/ 配方 /

黄油	180 克	幼砂糖	200 克
杏仁粉	200 克	全蛋	200 克
低筋面粉	40 克	香草精	5 克
开心果果泥	45 克	绿色色素	适量

/ 制作过程 /

2.1 将软化的黄油、香草精、全蛋、幼砂糖、杏仁粉、开心果果泥和过筛的低筋面粉倒入搅拌桶中，用扇形拍慢速搅拌。

2.2 取下搅拌桶，加入一些绿色色素，搅拌均匀后分别装入 4 个裱花袋中（每个 200 克左右），备用。

3. 特制涂抹黄油

/ 配方 /

黄油	300 克	低筋面粉	100 克
杏仁片	300 克		

/ 制作过程 /

3.1 将黄油加热融化，加入过筛的面粉，用打蛋器搅拌均匀。

3.2 用毛刷将步骤 3.1 分别在四个 U 形模具的内壁刷一层，然后再沾上一层烘烤过的杏仁片。

4. 组合

无色镜面果胶　　**适量**

/ 制作过程 /

4.1 在涂抹了特制涂抹黄油的 U 形模具中挤上巧克力达克瓦兹蛋糕面糊，挤满整个模具的内壁。

4.2 将 200 克的开心果奶油挤在模具的中心。

4.3 然后将巧克力达克瓦兹蛋糕面糊挤在开心果奶油上，封面，用抹刀抹平后依次摆放在铺有硅胶垫的烤盘中，放入烤箱，以 160℃ 烤 30 ～ 35 分钟。

4.4 取出后室温冷却后脱模，表面淋上一层无色的镜面果胶，切成小块后转移到金底板上。

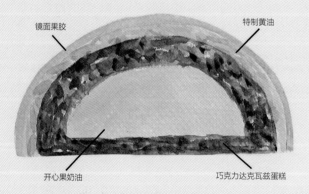

镜面果胶　　　　　　　　　　　　　　　特制黄油

开心果奶油　　　　　　　　　　巧克力达克瓦兹蛋糕

巧克力开心果蛋糕　剖面图

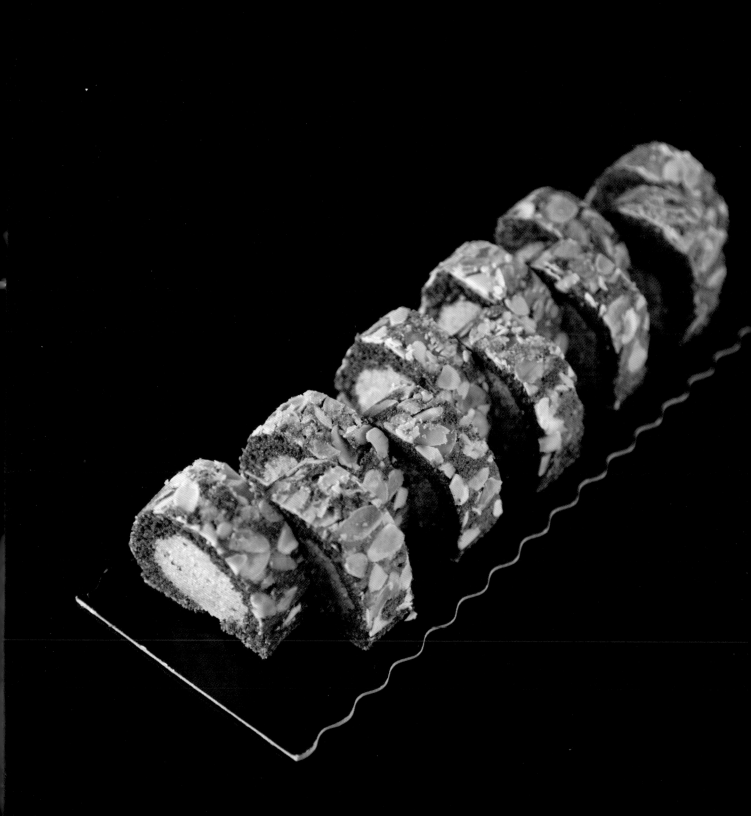

14/蓝天鹅

1. 杏仁海绵蛋糕饼底

/ 配方 /

糖粉	100 克	杏仁粉	100 克
全蛋	65 克	蛋黄	30 克
蛋白	165 克	幼砂糖	105 克
低筋面粉	70 克		

/ 制作过程 /

1.1 将糖粉、杏仁粉、全蛋和蛋黄倒入搅拌桶中,中速打至乳化发泡状态。

1.2 打发蛋白,分次加入幼砂糖,打至湿性发泡,然后倒入一个大盆中。

1.3 将步骤 1.1 倒入步骤 1.2 中,用橡皮刮刀搅拌均匀。

1.4 加入过筛的低筋面粉,用橡皮刮刀搅拌均匀,装入带有圆形花嘴的裱花袋,挤入硅胶垫中,放入烤箱中,以 180℃烤 9 分钟。

2. 血橙啫喱

/ 配方 /

血橙果蓉	600 克	幼砂糖	45 克
玉米淀粉	40 克	吉利丁	8 克
水	40 克		

/ 制作过程 /

2.1 将血橙果蓉和幼砂糖入锅加热。

2.2 将步骤 2.1 稍微加热后,取少量倒入玉米淀粉中,搅拌均匀后倒回锅中,一边加热一边搅拌,直至煮沸。

2.3 离火后,加入提前泡好水的吉利丁,搅拌均匀后用保鲜膜包好,室温保存。

3. 柠檬奶油

/ 配方 /

柠檬汁	**125 克**	柠檬皮屑	**1 个**
蛋黄	**80 克**	全蛋	**80 克**
幼砂糖	**75 克**	黄油	**80 克**

/ 制作过程 /

3.1 将蛋黄和全蛋混合，倒入幼砂糖，搅拌均匀。

3.2 将柠檬汁和柠檬皮屑入锅，步骤 3.1 也倒入锅中，快速搅拌，加热煮沸至浓稠。

3.3 将步骤 3.2 倒入一个盆中，用冰块降温至 40℃，然后倒入量杯中。

3.4 加入软化的黄油，用料理棒搅拌使其乳化，然后装入裱花袋备用。

4. 榛果杏仁巴巴露亚

/ 配方 /

牛奶	**200 克**	淡奶油 1	**400 克**
蛋黄	**150 克**	幼砂糖	**150 克**
榛果杏仁酱	**160 克**	吉利丁	**18 克**
水	**90 克**	淡奶油 2	**500 克**

/ 制作过程 /

4.1 将牛奶和淡奶油 1 入锅，加热至 83℃左右。

4.2 将蛋黄和幼砂糖搅拌至乳化。

4.3 将淡奶油 2 倒入搅拌桶中，慢速打发。

4.4 将少量的步骤 4.1 倒入步骤 4.2 中，搅拌均匀后倒回锅中，继续加热至 85℃，使其黏稠。

4.5 离火后，倒入榛果杏仁酱，用橡皮刮刀搅拌均匀至呈流体状，用料理棒搅拌使其乳化。

4.6 将步骤 4.5 过筛后加入提前泡好水融化的吉利丁中，用冰块降温至 25℃。

4.7 将步骤 4.3 打发好的淡奶油加入步骤 4.6 中，混合搅拌均匀。

5. 组合

巧克力油脂	**适量**
黑巧克力	**适量**

/ 制作过程 /

5.1 将冷却好的血橙啫喱倒入硅胶垫的三个圆中（圆的
直径上 16 厘米，下 17 厘米），上面放上杏仁海
绵蛋糕饼底，压紧后冷冻。

5.2 在硅胶垫的另三个圆中放上烤好的杏仁海绵饼底，
上面挤一层柠檬奶油，急冻。

5.3 将榛果杏仁巴巴露亚倒在直径 18 厘米的硅胶垫中，
然后将步骤 5.1 取出放在上面（海绵饼底的一面
向上）。

5.4 将上面部分的软胶模盖上，然后挤上巴巴露亚，八
分满即可。

5.5 将步骤 5.2 取出脱模，盖在巴巴露亚上（海绵饼底
的一面向上），压紧。

5.6 边缘处用剩余的巴巴露亚挤满，用保鲜膜包起后，
急冻。

5.7 取出后脱模，用抹刀刮掉底和盖侧边接缝。用喷枪
喷上巧克力油脂，第一层黄色，第二层在底部和顶
部喷一层黑巧克力绒面，喷出渐变色后冷冻。最后
放上装饰物即可。

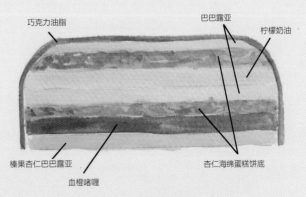

巧克力油脂　　　　　　　　　　　　　　巴巴露亚

柠檬奶油

榛果杏仁巴巴露亚

血橙啫喱

杏仁海绵蛋糕饼底

蓝天鹅　剖面图

15/草莓花园

1. 烤杏仁面碎

/ 配方 /

黄油（冷）	**100 克**	金黄幼砂糖	**100 克**
杏仁粉	**100 克**	低筋面粉	**100 克**

/ 制作过程 /

1.1 将冷黄油切小块，和金黄幼砂糖、杏仁粉、低筋面粉一起倒入搅拌桶中，用扇形拍慢速搅拌至面碎状。

1.2 倒入烤盘中，铺平，放入烤箱，以 160℃烘烤 14 分钟。出炉后捣碎一下，铺在油纸上，冷却。

2. 杏仁面碎基底

/ 配方 /

烤杏仁面碎	**270 克**	开心果仁	**60 克**
糖浆	**适量**	白巧克力	**130 克**

/ 制作过程 /

2.1 在开心果仁中倒入一些糖浆，当开心果仁沾满糖浆后，铺在烤盘上，放入烤箱，以 160℃烘烤 8 分钟，出炉后用刀切碎。

2.2 将白巧克力加热融化。

2.3 称取 270 克的烤杏仁面碎，和开心果仁、白巧克力一起混合搅拌均匀，铺在直径 17 厘米的硅胶模中，铺满 3 个圆，压紧。

3. 杏仁海绵蛋糕

/ 配方 /

蛋黄	**160 克**	幼砂糖 1	**110 克**
杏仁粉	**105 克**	蛋白	**190 克**
幼砂糖 2	**70 克**	低筋面粉	**105 克**
黄油	**70 克**		

/ 制作过程 /

3.1 将蛋黄、幼砂糖 1 和杏仁粉一起搅拌乳化。

3.2 将蛋白打发，分次加入幼砂糖 2，打至湿性发泡。

3.3 将步骤 3.1 和步骤 3.2 混合，然后加入过筛的低筋面粉。

3.4 将黄油融化后，倒入步骤 3.3 中，搅拌均匀。

3.5 挤在烤盘上，放入烤箱，以 180℃烤 8 ~ 10 分钟。

4. 草莓酱

/ 配方 /

草莓果蓉	100 克	幼砂糖	200 克
青柠皮屑	1 个	速冻草莓	500 克
玉米淀粉	30 克	青柠汁	25 克
可可脂粉末	45 克		

/ 制作过程 /

4.1 将草莓果蓉和幼砂糖入锅加热，擦入青柠皮屑，用橡皮刮刀搅拌，煮至 125℃。

4.2 将速冻草莓倒入大锅中，然后倒入步骤 4.1，一边加热，一边用橡皮刮刀搅拌。

4.3 锅中倒入青柠汁。将玉米淀粉和少许水搅拌均匀后倒入锅中，用橡皮刮刀搅拌均匀。

4.4 离火后，倒入可可脂粉末，搅拌均匀。

4.5 将步骤 4.4 倒入直径 17 厘米的软胶模中，倒满 3 个圆，用保鲜膜包好后冷冻。

5. 姜味柠檬草慕斯

/ 配方 /

牛奶	400 克	柠檬草	70 克
香草荚	1 根	青柠皮屑	1 个
泰国青柠皮屑	半个	白巧克力	530 克
新鲜生姜	20 克	吉利丁	18 克
水	90 克	淡奶油	520 克

/ 制作过程 /

5.1 处理柠檬草，取根部的里面部分，然后切碎。

5.2 将牛奶入锅加热，加入处理好的柠檬草和香草荚籽、青柠皮屑、泰国青柠皮屑，加热煮沸。

5.3 将步骤 5.2 倒入量杯中，用料理棒将里面的柠檬草搅碎，然后再过筛筛入锅中。

5.4 将白巧克力融化后倒入量杯中，将锅中 1/2 的牛奶也倒入量杯中，用料理棒搅拌后再倒入剩余的牛奶，搅拌好之后倒入一个大盆中。

5.5 加入提前泡过水融化的吉利丁，搅拌均匀后用刨刀擦入新鲜生姜，搅拌均匀。

5.6 打发淡奶油，打发好后倒入步骤 5.5 中，搅拌均匀。

6. 青柠淋面

/ 配方 /

水	300 克	幼砂糖 1	450 克
青柠皮屑	1 个	幼砂糖 2	50 克
NH 果胶粉	10 克	葡萄糖浆	175 克
吉利丁	18 克	水	90 克
绿色色素	适量	黄色色素	适量

/ 制作过程 /

6.1 将水和幼砂糖 1 入锅加热，用刨刀擦入青柠皮屑。

6.2 当步骤 6.1 中的幼砂糖融化后，倒入幼砂糖 2 和 NH 果胶粉的混合物，一边加热，一边搅拌，加热至 105℃。

6.3 离火后，加入葡萄糖浆，然后加入提前泡好水融化的吉利丁混合物，搅拌均匀。

6.4 加入少许绿色色素、黄色色素，搅拌均匀后冷却。

7. 覆盆子琼脂

/ 配方 /

覆盆子果蓉	300 克	葡萄糖浆	225 克
幼砂糖	100 克	琼脂	8 克
吉利丁	8 克	水	40 克

/ 制作过程 /

7.1 将覆盆子果蓉和葡萄糖浆入锅加热，不断搅拌至沸腾。

7.2 将幼砂糖和琼脂混合均匀。

7.3 将步骤 7.2 倒入步骤 7.1 中，搅拌加热。

7.4 离火后加入提前泡好水融化的吉利丁，搅拌均匀。

8. 组合

/ 工具 /

直径 18 厘米慕斯圈　　　　3 个

/ 配方 /

白巧克力　　　　适量
糖浆　　　　适量

/ 制作过程 /

8.1 准备好软胶模（烤盘大小，心形图案），将刚刚做好的覆盆子琼脂倒入软胶模中，至一半满，震平后用火枪烧一下表面，除去气泡，冷藏。

8.2 准备 3 个直径 18 厘米的慕斯圈，底部用保鲜膜包好，倒入姜味柠檬草慕斯，用手转动整个慕斯圈，使里面的姜味柠檬草慕斯平整。

8.3 放上杏仁海绵蛋糕，表面再挤一层姜味柠檬草慕斯。

8.4 将草莓酱取出后分别放上 3 个杏仁海绵蛋糕，继续冷冻定型，取出后将其放在步骤 8.3 上，压一下，抹平四周的慕斯，然后再挤一层姜味柠檬草慕斯。

8.5 放上杏仁面碎基底，压紧后刮去边缘多余的慕斯。

8.6 表面盖上一层油纸，用烤盘将正反面都压一下，速冻定型。

8.7 将青柠淋面倒入量杯中，将做好的蛋糕体稍微修一下边后，直接将淋面倒在蛋糕体上，使其自然往下流淌。

8.8 用抹刀将步骤 8.7 移至金底板上，装饰上白巧克力
围边。

8.9 将步骤 8.1 取出，表面刷一层糖浆，铺上油纸，借
助烤盘将其翻面，脱模后修一下边缘，用滚轮刀压
出长方形条状，装饰在白巧克力围边的外圈。

8.10 最后做好表面装饰即可。

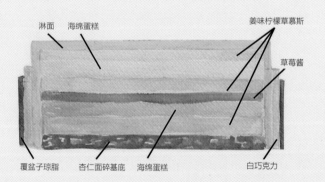

草莓花园　剖面图

名厨甜点视频 9 款

中村勇

吉布斯特塔
/ 见本书第 33 页 /

水果覆盆子塔
/ 见本书第 59 页 /

佐茶小点
/ 见本书第 69 页 /

野泽孝彦

白奶酪慕斯
/ 见本书第 83 页 /

马拉可夫
/ 见本书第 95 页 /

香蕉切蛋糕
/ 见本书第 97 页 /

让－弗朗索瓦·阿诺

歌剧院蛋糕
/ 见本书第 119 页 /

小丑蛋糕
/ 见本书第 147 页 /

甜蜜天使
/ 见本书第 151 页 /

WANG SEN
INTERNATIONAL COFFEE BAKERY WESTERN-FOOD SCHOOL

一所培养国际美食冠军的院校

一年制专业

特　色：技术+创新+就业+终身服务+创业支持

适合人群：适合初高中毕业生、中专生、大学生、白领一族，待业及创业人群，100%包就业，毕业即可达到高级技工水平。

★ 一年制咖啡甜点班　　★ 一年制法式甜品班　　★ 一年制裱花翻糖班
★ 一年制蛋糕甜点班　　★ 一年制烘焙甜点班　　★ 一年制西式料理班
★ 一年制调酒咖啡班　　★ 一年制惠尔通大师班

留学班

特　色：技能学历+创新就业+终身服务+国际比赛+高端人脉

适合人群：高中以上任何人群，烘焙西点爱好者，烘焙世家接班人等，颁发大专学历证书。学业后可留日本、韩国、法国就业。

★ 日本留学班　　★ 韩国留学班　　★ 法国留学班

三年制专业

特　色：技能+学历+就业+终身服务+创新+国际比赛

适合人群：适合初中生、高中生，学业合格后可获得大专学历和高级技工证，100%高薪就业。

★ 三年制酒店大专班　　★ 三年制蛋糕甜点班

世界名厨外教班

特　色：技能学历+创新就业+终身服务+国际比赛+高端人脉

适合人群：想提升技术、学习国际大师产品制作理念的西点私房业主、西点西餐店老板、技术主厨及有一定基础的兴趣人群。

课程内容涵盖：面包、甜品、咖啡、翻糖、拉糖、韩式裱花、巧克力等领域

扫一扫
关注王森学院

学校官方网站：www.wangsen.cn
课程咨询热线：0512-66053547

王森国际咖啡西点西餐学院
苏州校区地址：苏州吴中区蠡昂路145-5号
北京校区地址：北京市门头沟区中门寺16号
广东校区地址：珠海市香洲区南屏镇东桥大街100号
即将开办的分校：上海分校，郑州分校，重庆分校，哈尔滨分校